Harish M

A doce história dos glicosídeos diterpénicos - esteviosídeos

Harish M

A doce história dos glicosídeos diterpénicos - esteviosídeos

ScienciaScripts

Imprint

Any brand names and product names mentioned in this book are subject to trademark, brand or patent protection and are trademarks or registered trademarks of their respective holders. The use of brand names, product names, common names, trade names, product descriptions etc. even without a particular marking in this work is in no way to be construed to mean that such names may be regarded as unrestricted in respect of trademark and brand protection legislation and could thus be used by anyone.

Cover image: www.ingimage.com

This book is a translation from the original published under ISBN 978-620-8-01055-3.

Publisher:
Sciencia Scripts
is a trademark of
Dodo Books Indian Ocean Ltd. and OmniScriptum S.R.L publishing group

120 High Road, East Finchley, London, N2 9ED, United Kingdom
Str. Armeneasca 28/1, office 1, Chisinau MD-2012, Republic of Moldova, Europe
Printed at: see last page
ISBN: 978-620-8-06298-9

ÍNDICE

CAPÍTULO 1
DOCES

O sabor desempenha um papel crucial na determinação da qualidade de um alimento, independentemente dos seus méritos nutricionais. Nos seres humanos, o sabor tem o valor adicional de contribuir para o prazer geral e o gozo de um alimento ou bebida. Entre os cinco sabores básicos, o sabor doce permite a identificação de nutrientes ricos em energia (Jayaram et al, 2006). Relatórios anteriores indicam que o gosto pela doçura e a aversão ao amargo à nascença são caraterísticas humanas inatas. A doçura, o indicador sensorial tradicional tanto de nutrientes como de calorias, aumenta o atrativo sensorial de um determinado alimento. No feto, as papilas gustativas estão desenvolvidas na 16ª semana de gestação e o recém-nascido é capaz de responder favoravelmente a soluções açucaradas. Assim, podemos dizer que a história do doce começa antes do nascimento. Os edulcorantes são os compostos que interagem com as papilas gustativas que evocam uma resposta caraterística e aumentam a perceção do sabor doce. Por conseguinte, os edulcorantes têm a capacidade de conferir um sabor doce mascarando o sabor do material ao qual são adicionados (Mehtani et al 2003).

Classificação

Os edulcorantes podem ser classificados em duas categorias, os edulcorantes naturais e os sintéticos/ artificiais, com base na sua produção. O consumo global de ervas como medicamentos, nutracêuticos, aditivos alimentares, produtos cosméticos, etc., está a aumentar rapidamente. Os edulcorantes naturais constituem um dos domínios de elevado potencial. Os edulcorantes naturais são geralmente produzidos a partir de sucos, xaropes e néctares encontrados na natureza e são menos processados. Uma vez que são menos processados, têm açúcares, vitaminas, minerais e proteínas que ocorrem naturalmente. Numerosos compostos de origem vegetal têm diferentes graus de doçura. A natureza é uma fonte rica de compostos edulcorantes que possuem um sabor intensamente doce ou propriedades modificadoras do sabor e cerca de 150 materiais vegetais foram considerados como tendo um sabor doce. Geralmente, os edulcorantes são classificados em dois grupos, naturais e artificiais, em que os edulcorantes naturais são novamente subdivididos em edulcorantes sacarídeos e não sacarídeos (Fig.1.1). Os sacarídeos são uma das biomoléculas mais importantes do mundo.

São também conhecidos como açúcares ou hidratos de carbono. Os edulcorantes derivados de sacarídeos são conhecidos como edulcorantes de sacarídeos (Priya et. al, 2011). Os edulcorantes naturais não sacarídeos estão amplamente distribuídos em diversas famílias de plantas, tais como Asteraceae, Marantaceae, Rutaceae, Menispermaceae, polypodaceae, etc. Do mesmo modo, diversas classes de fitoconstituintes, desde pequenos metabolitos moleculares como os flavonóides, os terpenóides, as saponinas esteroidais, as cumarinas, etc., até às proteínas macromoleculares, têm propriedades adoçantes intensas. Com base no princípio ativo de edulcoração armazenado nas plantas, os edulcorantes não sacarídeos são classificados como terpenóides, proteínas doces, saponinas esteróides, di-hidrohalaconas, edulcorantes di-hidroisocumarinas. O quadro 1.1 apresenta a lista de edulcorantes sacarídeos e não sacarídeos com o seu princípio ativo e o grau de doçura em comparação com a sacarose.

Os edulcorantes artificiais ou edulcorantes sintéticos são substitutos sintéticos do açúcar, mas podem ser derivados de substâncias naturais, incluindo ervas ou o próprio açúcar. O desenvolvimento de edulcorantes sintéticos começou na indústria bioquímica durante o final do século XIX. O primeiro edulcorante sintetizado para produção em massa foi a sacarina e é um dos edulcorantes sintéticos mais antigos, sendo 300-600 vezes mais doce do que a sacarose. A sacarina está disponível sob a forma de sacarina ácida, sacarina de sódio e sacarina de cálcio. O ciclamato, o aspartame, o alitame, o acessulfame de potássio e a sucralose são outros edulcorantes artificiais importantes disponíveis no mercado mundial.

Fig 1.1 Classificação dos edulcorantes

	Nome do edulcorante	Princípio ativo do doce	Doçura em comparação com a sacarose
1 2	Sacarose	Açúcar	1x
3 4	Eritritol	Álcool de açúcar	0.7x
5 6	Esteviosídeo	Terpenóide	250-300x
7 8	Glicirrizina	Terpenóide	100x
9 10	Perilartina	Terpenóide	400-2000x
11 12	Filodulcina	Dihidroisocumarina	300-400x
13 14	Taumatina	Proteína	2000-10000x
	Miraculina	Proteína	-
	Curculina	Proteína	550x
	Glicifilina	Di-hidrohalaconas	100-200x
	Trilobatina	Di-hidrohalaconas	400-1000x
	Polipodosídeo A	Saponina esteroidal	600x
	Osladino	Saponina esteroidal	300-3000x
	Pterocariósidos A	Saponina esteroidal	50-100x

Quadro 1.1 Intensidade de doçura dos edulcorantes sacarídeos e não sacarídeos

Com base nas suas propriedades nutricionais, os edulcorantes são classificados em dois tipos: nutritivos e não nutritivos. Os edulcorantes nutritivos fornecem calorias ou energia à dieta a cerca de quatro calorias por grama, tal como os hidratos de carbono ou as proteínas. Exemplos comuns de edulcorantes nutritivos incluem os açúcares de mesa branco e castanho (sacarose), o mel e xaropes como o de ácer e de milho. Todos eles têm um sabor doce devido à presença de glucose e frutose, isoladamente ou em conjunto como sacarose. Os álcoois de açúcar, conhecidos como parentes do açúcar, são outra categoria de edulcorantes nutritivos. São derivados de frutos ou produzidos comercialmente a partir da dextrose. Os mais comuns incluem: sorbitol, manitol, xilitol e maltitol. Os edulcorantes nutritivos fornecem energia e uma maior ingestão de energia aumenta o risco de obesidade, pré-diabetes, diabetes tipo 2 e doenças cardiovasculares. Os edulcorantes não nutritivos são alternativas de zero ou baixas calorias aos edulcorantes nutritivos, como a sacarose (açúcar de mesa). Os adoçantes não nutritivos são muito mais doces do que o açúcar, pelo que apenas são necessárias pequenas quantidades e são também conhecidos como adoçantes de alta intensidade (Fitch e Keim, 2012). Fornecem menos calorias por grama do que o açúcar porque não são completamente absorvidos pelo seu sistema digestivo. São também conhecidos como edulcorantes de baixas calorias. Os edulcorantes não nutritivos adoçam com o mínimo ou nenhum valor energético. Por isso, também podem ser utilizados por doentes diabéticos. A utilização de adoçantes não nutritivos para substituir os adoçantes calóricos em bebidas e alimentos reduz a ingestão de açúcares adicionados ou hidratos de carbono, ou beneficia o apetite, o balanço energético, o peso corporal ou os factores de risco cardiometabólico (Gardner et. al., 2012). Os adoçantes não nutritivos comuns aprovados para uso são:

Aspartame

O aspartame (éster metílico de L-aspartil-L-fenilalanina) é um éster metílico do ácido aspártico e do dipeptídeo fenilalanina. Foi descoberto em 1965 e aprovado pela FDA em 1981 para utilização em alimentos específicos e em 1983 para utilização em refrigerantes. Em 1996, foi aprovado como edulcorante de uso geral. Embora o aspartame forneça 4 kcal/g, a intensidade do sabor doce significa que são necessárias quantidades muito pequenas para atingir os níveis de doçura desejados.

Luo han guo

Luo han guo é o nome comum de Siraitia grosvenorii, ou extrato de fruto de Swingle, um edulcorante recentemente aprovado como GRAS. Este produto é uma combinação de vários glicosídeos de cucurbitáceas diferentes, conhecidos como mogrosídeos. O mogrosídeo V é predominante e constitui até 30% do produto. O Luo han guo é 150 a 300 vezes mais doce do que a sacarose, dependendo da estrutura exacta dos mogrosídeos e do número de unidades de glucose. Pode ter um sabor residual em níveis elevados.

Neotame

O neotame é um edulcorante sintético de alta intensidade relativamente recente, desenvolvido pela Monsanto. Atualmente, não é utilizado noutros países que não os Estados Unidos. O neotame é semelhante ao aspartame e é composto pelos mesmos dois aminoácidos, L-aspartato e L-fenilalanina, e tem dois grupos funcionais, um grupo éster metílico e um grupo neohexilo. O neotame é aproximadamente 8.000 vezes mais doce do que a sacarose e cerca de 40 vezes mais doce do que o aspartame. Tem um sabor limpo e doce com algumas propriedades de realce de sabor e resiste a temperaturas de cozedura e cozinhado. O neotame é rapidamente metabolizado e completamente eliminado pelo organismo e contribui com zero calorias ao nível da utilização nos alimentos.

Sucralose

A sucralose, conhecida pelo nome comercial Splenda, é o único edulcorante sintético de alta intensidade atualmente produzido a partir da sacarose. É cerca de 400-800 vezes mais doce do que a sacarose.

Esteviosídeo

As folhas da planta sul-americana estévia são utilizadas há séculos para adoçar medicamentos e chás amargos. Foi encontrada pelos conquistadores espanhóis na América do Sul durante o século XVI. Em 1899, a planta foi descrita por M. S. Bertoni e recebeu o nome botânico de Stevia rebaudiana Bertoni. Um dos compostos responsáveis pela doçura é o esteviosídeo, que foi concentrado pela primeira vez a partir das folhas da planta stevia no início do século XX. Foi isolado numa forma pura durante os anos 70 no Japão, onde foi utilizado como agente adoçante. Atualmente, descobriu-se que oito compostos contribuem para a doçura das folhas de Stevia. O esteviosídeo é o mais popular e o mais utilizado destas oito formas isoladas. A Stevia é atualmente cultivada no Japão, Coreia e China. O esteviosídeo é um composto diterpenóide. As folhas da planta da estévia são cerca de 30 vezes mais doces do que a sacarose, e o esteviosídeo purificado é 200-300 vezes mais doce do que o açúcar. É conhecido pela sua intensidade doce, ligeiro amargor e ligeiro sabor a alcaçuz na forma de pó.

CAPÍTULO 2
STEVIA REBAUDIANA - FONTE NATURAL DE EDULCORANTE NÃO-SACARÍDEO

Nas últimas duas décadas, a crescente preocupação com a saúde e a qualidade de vida tem incentivado as pessoas a praticar exercício físico, a comer alimentos saudáveis e a diminuir o consumo de alimentos ricos em açúcar, sal e gordura. A omissão da adição de sacarose nos alimentos aumenta a proporção relativa de hidratos de carbono poliméricos, o que pode ter efeitos benéficos para uma ingestão alimentar equilibrada, bem como para a saúde humana. Além disso, tem-se registado um aumento da procura de alimentos com propriedades funcionais por parte dos consumidores. As mudanças nos hábitos alimentares e no estilo de vida devem-se principalmente à procura incessante de saúde. No passado, a ciência alimentar preocupava-se com o desenvolvimento de alimentos para a sobrevivência humana, um objetivo que foi substituído pelo conceito de produção de alimentos de qualidade. Mais recentemente, o conceito principal passou a ser a utilização dos alimentos como meio de promover a saúde e o bem-estar, reduzindo o risco de doença. A indústria alimentar respondeu a esta procura e, como consequência, tem-se registado um aumento rápido de alimentos e bebidas dietéticas disponíveis para os consumidores em muitos mercados do mundo. Com o crescente interesse dos consumidores em reduzir a ingestão de açúcar, tornaram-se populares os produtos alimentares fabricados com edulcorantes em vez de açúcar. Neste contexto, quando a população média pensa em edulcorantes naturais, o primeiro nome que lhe vem à cabeça é normalmente o da planta Stevia rebaudiana, também chamada "planta da folha de mel" (Fig. 2.1). A Stevia, um membro da família Compositae, é uma planta nativa da América do Sul, mas foi distribuída para o Sudeste Asiático. Os extractos das folhas da planta stevia (Stevia rebaudiana Bertoni) são utilizados há séculos para adoçar alimentos e bebidas na América do Sul, no Japão e na China (Geuns, 2003).

Fig.2.1 Uma planta saudável de Stevia rebaudiana Bertoni

Os principais componentes responsáveis pelas propriedades adoçantes da planta são os glicosídeos de esteviol. A Tabela 2.1 representa os glicosídeos diterpénicos da Stevia rebaudiana que apresentam propriedades adoçantes. Entre os diferentes glicosídeos, o esteviosídeo e o rebaudosídeo A são os dois principais. O esteviosídeo (ácido ent-13-hidroxi-kaur-16-en-18-oico) é 250-300 vezes mais doce do que a sacarose e é muito estável a 200°C (Geuns, 2003).

Composto	Doçura relativa
Esteviosídeo Esteviolbiosídeo Rebaudiosídeo A	300
Rebaudiosídeo B Rebaudiosídeo C	100-125
Rebaudiosídeo D Rebaudiosídeo E	250-450
Dulcosídeo A	300-350
	50-120
	250-450
	150-300
	50-120

Tabela 2.1 Glicosídeos diterpénicos de Stevia rebaudiana com doçura relativa Origem e distribuição de Stevia rebaudiana

A Stevia é uma planta originária das regiões montanhosas do Brasil e do Paraguai. Durante séculos, este adoçante à base de plantas foi utilizado pelas culturas nativas para neutralizar o sabor amargo de vários medicamentos e bebidas à base de plantas. A Stevia rebaudiana (Bertoni) foi redescoberta pelos europeus no Paraguai em 1888 pelo Dr. M. S. Bertoni. Mais tarde, ele descreveu botanicamente e nomeou a planta (1905) em homenagem ao químico paraguaio Dr. Rebaudi. Historicamente, os nativos do Paraguai e do Brasil têm usado as folhas da estévia como essência adoçante para o chá. Meio século depois, os ingleses tentaram cultivá-la como substituto do açúcar, mas a idéia nunca se concretizou. Três décadas mais tarde, em 1971, os japoneses trouxeram as sementes de estévia do Brasil e seis anos mais tarde o Japão comercializou um adoçante extraído das folhas de estévia. A Stevia rebaudiana foi levada para demasiados países desde que foi descrita pela primeira vez por Bertoni e foi subsequentemente cultivada em latitudes bem a norte da sua latitude nativa do trópico de Capricórnio. Os principais países produtores de esteviosídeo são a China e o Paraguai, com partes adjacentes do Brasil. A China é um dos principais fornecedores do Japão, que é o principal produtor e utilizador comercial de esteviosídeo. O Paraguai ou o Brasil é o principal centro de produção e distribuição de produtos de Stevia diretamente ao consumidor através dos pontos de venda de alimentos saudáveis e produtos à base de plantas e por encomenda direta vendidos em todo o mundo. Há um grande número de processadores no Paraguai e no Brasil que têm plantações de 2 a 300 hectares ou mais, bem como numerosos pequenos fornecedores.

Morfologia da planta Stevia

A Stevia rebaudiana é um membro da família das asteráceas e existe tanto como erva como arbusto, podendo a planta, quando cultivada, atingir 1 m ou mais de altura. Possui um sistema radicular extenso e caules frágeis que produzem folhas pequenas e elípticas. As folhas são sésseis, dispostas de forma oposta, lanceoladas a oblancoeladas, e serrilhadas acima do meio. As estruturas de tricomas na superfície da folha são de dois tamanhos distintos, um grande (4-5 µm) e um pequeno (2,5 µm) (Shaffert e Chetobar 1994b). As minúsculas florzinhas brancas são perfeitas, nascidas em pequenos corimbos de 2-6 florzinhas. Os corimbos estão dispostos em panículas soltas. Oddone (1999) considera que a estévia é auto-incompatível e polinizada por insectos. A propagação da estévia é geralmente feita por estacas de caule que enraízam facilmente, mas requerem muito trabalho. A fraca germinação das sementes (36,3%) é um dos factores que limitam o cultivo em grande escala (Goettemoeller e Ching, 1999). A estévia pode ser cultivada numa vasta gama de solos com pH entre ligeiramente ácido e neutro, mas o solo não deve ser salino.

Química da Stevia

Segundo Bertoni, "surpreende-nos a estranha e extrema doçura que contém. Um fragmento de folha com apenas alguns milímetros quadrados é suficiente para manter a boca doce durante uma hora; algumas folhas pequenas são suficientes para adoçar uma chávena forte de café ou chá". Mais tarde, em 1931, Bridel e Lavieille identificaram o composto esteviosídeo como o herói da doçura. A estrutura, a estereoquímica e a configuração absoluta do esteviol e do isosteviol foram estabelecidas, através de uma série de reacções químicas e correlações, mais de 20 anos após o trabalho pioneiro de Bridel e Lavieille (Mosettig e Nes, 1955; Dolder et al. 1960; Djerassi et al. 1961; Mosettig et al. 1963). Estudos simultâneos sobre o glicosídeo parental indicaram que um resíduo de D-glucopiranose, hidrolisado em condições alcalinas produzindo esteviolbiosídeo, estava ligado a um grupo carboxilo, enquanto os outros dois eram componentes de um grupo soforosilo ligado à aglicona através de uma ligação - glicosídica (Yamasaki et al.1976). O apoio à estereoquímica proposta foi obtido pela transformação sintética do esteviol em esteviosídeo (Ogawa et al. 1980). Recentemente, os dados espectroscópicos relativos ao esteviosídeo e ao esteviolbiosídeo confirmaram a química subjacente à doçura. Os esteviosídeos são o principal produto metabólico secundário do sistema vegetal Stevia rebaudiana. Outras investigações de extractos de folhas de S. rebaudiana resultaram na identificação de outros glicosídeos diterpénicos doces presentes na planta Stevia (Brandle et al, 1998).

Viabilidade do pó de Stevia como edulcorante

Embora a Stevia rebaudiana seja um edulcorante não-nutritivo de elevado potencial, a segurança dos edulcorantes Stevia tem sido objeto de controvérsia durante vários anos (Bonvie et al, 1997). Mas os seus extractos têm sido usados há vários anos como adoçante e etnomedicinal na América do Sul, Brasil, Paraguai e Estados Unidos (Quadro 2.2). No Brasil, Coreia e Japão, as folhas de Stevia, o esteviosídeo e os extractos altamente refinados são oficialmente utilizados como adoçante de baixas calorias (Mizutani e Tanaka, 2002; Kim et al., 2002). Os produtos de estévia são utilizados comercialmente de forma extensiva no Japão, utilizando folhas de estévia secas cultivadas localmente e importadas (principalmente da

China) onde (mais de 2000 toneladas de produtos refinados) e 5 a 6 % do mercado total de edulcorantes. Na maioria dos outros países onde é utilizada, é sobretudo utilizada diretamente pelos consumidores, e não comercialmente. Os consumidores domésticos utilizam as folhas secas, os extractos líquidos, os cristais ou o pó nas suas bebidas e nos seus cozinhados como suplemento de ervas.

Os principais países produtores de esteviosídeo são a China e o Paraguai, com partes adjacentes do Brasil. A China é um dos principais fornecedores do Japão, que é o principal produtor e utilizador comercial de esteviosídeo. O Paraguai ou o Brasil é o principal centro de produção e distribuição de produtos de Stevia diretamente ao consumidor através das lojas de alimentos saudáveis e de produtos à base de plantas e por encomenda direta vendidos em todo o mundo. Existem vários processadores no Paraguai e no Brasil que têm plantações de 2 a 300 hectares ou mais, bem como numerosos fornecedores de pequenos agricultores. As aprovações regulamentares das organizações mundiais de saúde (2009) e da União Europeia (2011) prepararam o terreno para a Stevia como adoçante no mercado mundial. De acordo com estas organizações, os produtos à base de Stevia em pó triplicaram num período de 5 anos (Fig.2.2). Isto indica a procura crescente desta dádiva divina natural como adoçante. A Himalayan Bioresource Technology, Palampur, Índia, introduziu com sucesso dois acessos de S.rebaudiana na sua quinta experimental (Megeji et al, 2005). Mas a promoção global de S. rebaudiana no nosso sector agrícola não tem sido promissora. O Departamento de Ayurveda, Ioga e Naturopatia, Unani, Siddha e Homoeopatia (AYUSH) do Governo da Índia sancionou propostas para as perspectivas de cultivo de S. rebaudiana em vários estados como Bengala Ocidental, Uttrakhand, Haryana e Punjab. Embora a investigação científica para promover a Stevia a nível nacional tenha sido inadequada para explorar o seu valor comercial como adoçante natural com propriedades terapêuticas.

Country	Ethnomedical uses
Brazil	Usually used for cavities, depression, diabetes, fatigue, heart support, hypertension, hyperglycemia, infections, obesity, sweet cravings, tonic, urinary insufficiency, wounds
Paraguay	Diabetes
South America	diabetes, hypertension, infections, obesity
United States	candida, diabetes, hypertension, hyperglycemia, infections, and as a vasodilator

Quadro 2.2 Utilizações etnomédicas do extrato de Stevia em vários países

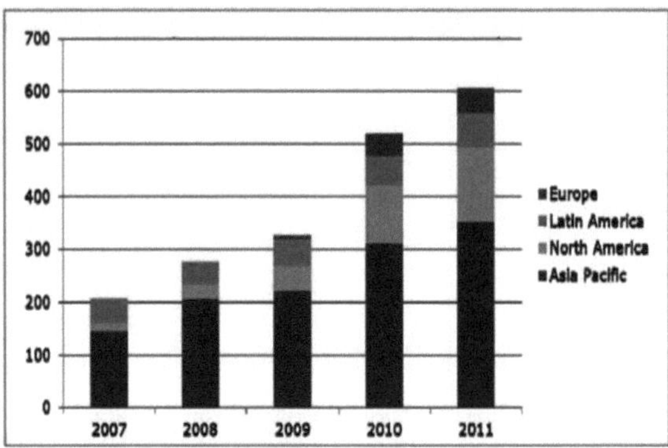

Fig.2.2 Lançamentos globais de novos produtos com extrato de Stevia

CAPÍTULO 3
GLICOSÍDEOS DE ESTEVIOL

A espécie Stevia rebaudiana é única no género Stevia, uma vez que foi relatado que nenhuma das outras espécies pertencentes a este género produziu estes compostos em níveis de concentração elevados (Soejarto 1982). Foi isolado um total de nove glicosídeos de esteviol da Stevia rebaudiana, nomeadamente Esteviosídeo, Rebaudiosídeo A, Biósido de esteviol, dulcosídeo A, rebaudiosídeo B, rebaudiosídeo C, rebaudiosídeo D, rebaudiosídeo E e rebaudiosídeo F (Yadal et.al. 2011). O teor total de glicosídeos diterpénicos (esteviosídeos) varia entre 10-20% numa base de peso seco, dependendo da cultivar e das condições de crescimento (Kennely 2002). O rendimento do esteviosídeo é o mais elevado (10%) e o rebaudiosídeo A vem a seguir (cerca de 1%) e os outros constituintes são os componentes menores. A doçura dos glicosídeos de esteviol difere substancialmente com base na variação estrutural. Mesmo que todos os glicosídeos de esteviol tenham a mesma plataforma, ou seja, aglicona de esteviol, as suas propriedades e doçura relativa diferem devido à adição de glicosídeos na porção aglicona (Fig.3.1.). A Tabela 3.1 mostra os derivados estruturais do esteviosídeo e os compostos relacionados com a sua gama de doçura em comparação com a sacarose. A relação entre o rebaudiosídeo A e o esteviosídeo é a medida aceite da qualidade da doçura: quanto mais rebaudiosídeo A, melhor é a planta (Brandle, 1999: Oddone, 1999).

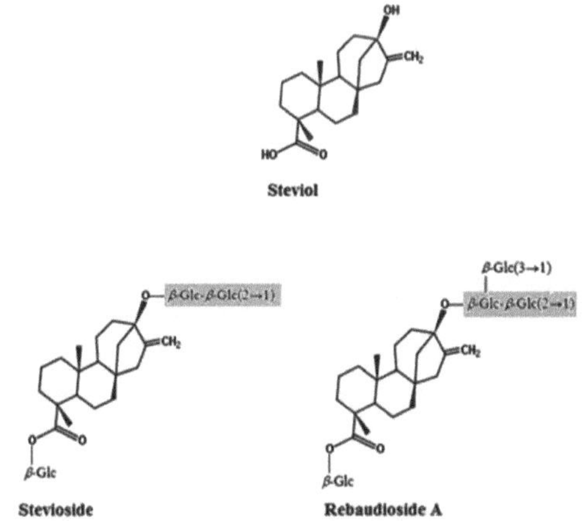

Fig 3.1 Estrutura química do esteviol, do esteviosídeo e do rebaudiosídeo A

Compound	R1 chain	R2 chain	Fold change of sweetness
Stevioside	β- Glc	β- Glc- β-Glc(2→1)	300
Steviolbioside	H	β- Glc- β-Glc(2→1)	100-125
Rebaudioside A	β- Glc	β- Glc- β-Glc(2→1) | β- Glc- (3→1)	250-450
Rebaudioside B	H	β- Glc- β-Glc(2→1) | β- Glc- (3→1)	300-350
Rebaudioside C	β- Glc	β- Glc- α-Rha (2→1) | β- Glc- (3→1)	50-120
Rebaudioside D	β- Glc- β-Glc(2→1)	β- Glc- β-Glc(2→1) | β- Glc- (3→1)	250-450
Rebaudioside E	β- Glc- β-Glc(2→1)	β- Glc- β-Glc(2→1)	150-300
Dulcoside A	β- Glc	β- Glc- α-Rha (2→1)	50-120

Tabela 3.1 Variações estruturais dos esteviosídeos de Stevia em relação à sua intensidade de edulcorante

ORGANIZAÇÃO ESPACIAL DO GLICOSÍDEO DE ESTEVIOL

A organização espacial da biossíntese de glicosídeos de esteviol foi investigada através da determinação da localização subcelular de várias enzimas. A Kaurene oxidases (KO) foi de interesse devido ao seu papel duplo na síntese de giberelinas e esteviosídeos como uma enzima de ponto de ramificação, e descobriu-se que estava localizada no retículo endoplasmático (ER). A Kaurene synthase (KS) está localizada no estroma do cloroplasto e parece provável que na Stevia (Richmann et.al., 2005; Brandle et.al., 2002; Brandle & Telmer, 2007, Hellivel et.al., 2001). A KS produz o intermediário de reação (-) kaurene, que tem uma baixa polaridade e se desloca do seu local de síntese, o estroma do cloroplasto, através das membranas para a membrana do ER, onde fica acessível à kaurene oxidase (KO) e à ácido 13-hidroxilase kaurenóico (KAH) e forma o produto esteviol. Depois, a partir do ER, o esteviol é transportado para o citoplasma para ser glicosilado pela ação das UDP glicosiltransferases (UGTs), as enzimas operacionalmente solúveis no citoplasma (Achinene et.al, 2005). Humphrey et.al. (2006) aponta para a expressão de enzimas UGT glicosiltransferase em localização citoplasmática e foi confirmada pela presença da proteína em extractos solúveis de Stevia. Assim, as glicosiltransferases desempenham o papel principal na última parte da via de produção de uma variedade de glicosídeos de esteviol e foram encontradas localizadas no citosol. A fase final da acumulação de glicosídeos é a transposição do esteviol glicosilado para fora do citosol e para o vacúolo. Há muito que se sabe que o vacúolo central das células vegetais é importante para o sequestro dos metabolitos secundários, afastando-os de processos metabólicos sensíveis no citosol (Martinoia et.al., 2000). Na Stevia, sabe-se que os esteviosídeos ocorrem no vacúolo, o que ainda não é compreendido (Grotewold, 2004). Em conjunto com outras evidências, a compreensão atual da organização espacial da via está resumida na Fig.3.2.

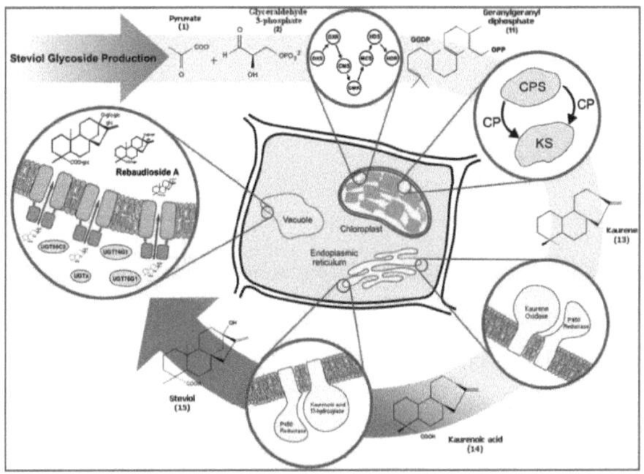

Fig.3.2 Organização espacial da biossíntese de glicosídeos de esteviol mostrando a localização subcelular dos componentes em Stevia rebaudiana Bertoni

CAPÍTULO 4
ACÇÕES FARMACOLÓGICAS

O glicosídeo de esteviol (esteviosídeo) derivado da Stevia rebaudiana tem sido alvo de grande atenção devido à sua doçura intensa com carácter não calórico. O esteviosídeo tem uma longa história de utilização terapêutica em muitos países, como a América do Sul, o Japão, a Tailândia, o Brasil, etc. A segurança do esteviosídeo tem sido objeto de controvérsia durante vários anos e as principais áreas clínicas incluem:

Anti-hiperglicémico

O extrato de S.rebaudiana é utilizado há muito tempo para o tratamento da diabetes na América do Sul (Kinghorn e Soejarto, 2002). Além disso, o esteviosídeo, o principal componente do extrato, tem uma elevada doçura sem calorias e apenas uma pequena quantidade é necessária para fins de adoçamento. Assim, deve ser uma boa alternativa ao açúcar para pacientes diabéticos. O esteviosídeo numa dose elevada (5 mM) não tem qualquer efeito inibitório na absorção de glucose. No entanto, o esteviol provoca uma diminuição da acumulação de glicose no tecido do anel intestinal. De facto, isto resultaria numa diminuição do nível de glucose no plasma, o que pode ser indesejável em indivíduos saudáveis. Curiosamente, a DDA de esteviosídeo (5 mg/Kg de peso corporal/dia) produziria uma concentração plasmática máxima de esteviol de aproximadamente 20 μM se o esteviosídeo fosse completamente convertido em esteviol (JECFA, 2006). Esta concentração de esteviol é muito inferior à concentração registada para inibir a absorção intestinal de glucose. O esteviosídeo reduz os níveis elevados de glucose no sangue tanto em ratos diabéticos de tipo 1 como de tipo 2. O efeito hipoglicémico do esteviosídeo pode ser mediado pelo seu efeito na fosfoenol piruvato carboxi quinase (PEPCK), uma enzima limitadora da taxa de gluconeogénese que controla a produção de glicose no fígado (Chen et al., 2005). Curiosamente, um estudo recente comparou os efeitos das folhas de S. rebaudiana e do esteviosídeo na glicemia e na gluconeogénese hepática em ratos normais (Ferreira et al., 2006). A administração oral a ratos Wistar machos em jejum de uma mistura de esteviosídeo/ rebaudiana a 5,5 mg/Kg BW/dia durante 15 dias não tem qualquer efeito, enquanto que o pó/folhas de Stevia a uma dose de 20 mg/Kg BW/dia reduz a concentração de glucose plasmática através da diminuição das actividades da piruvato carboxilase e PEPCK. Vale a pena mencionar que, neste estudo, o esteviosídeo não tem qualquer efeito na redução da glucose plasmática em condições normais. Foi realizado um número limitado de estudos experimentais para avaliar o efeito do extrato de Stevia e do esteviosídeo no nível de glicose no sangue em seres humanos. Embora tanto o esteviosídeo como o esteviol possuam um efeito insulinotrópico / anti-hiperglicémico, o esteviol é mais potente do que o esteviosídeo (Jeppensen et al., 2004, Gregersen, et.al., 2004). O esteviosídeo pode ter um efeito direto na eliminação periférica da glicose induzida pela insulina, responsável pela diminuição do nível de glicose no sangue pós-prandial. Isto pode incluir o aumento do armazenamento de glicogénio no fígado (Hubler et al., 1994). Surpreendentemente, o esteviosídeo exerce o seu efeito benéfico estimulando a libertação de insulina apenas no estado diabético. O esteviosídeo parece ter a capacidade de baixar a glucose plasmática e a pressão sanguínea apenas quando estes parâmetros estão anormalmente elevados. Com base em estudos realizados em células, animais inteiros e seres humanos, o esteviosídeo e os compostos relacionados (esteviol e rebaudiosídeo A) afectam a remoção da glicose plasmática do plasma. Inibem igualmente a absorção intestinal da glicose e a produção de glicose pelo fígado, alterando a atividade de um certo número de enzimas-chave envolvidas na síntese da glicose, reduzindo assim a entrada de glicose no plasma. As possíveis acções anti-hiperglicémicas do esteviosídeo e dos compostos relacionados são apresentadas na Fig.2.3. No entanto, ainda não foi comunicado nenhum mecanismo de ação. É interessante notar que o efeito do esteviosídeo depende em grande medida do nível de glucose plasmática, sendo observado apenas quando o nível de glucose plasmática é elevado. Por conseguinte, parece ser seguro para indivíduos normais e saudáveis. No entanto, o mecanismo deste efeito não é conhecido. Por conseguinte, questões importantes, como a procura do(s) composto(s) ativo(s) in vivo após a ingestão de esteviosídeo e a determinação do mecanismo da sua ação em seres humanos, requerem uma atenção imediata antes de o esteviosídeo poder ser desenvolvido para ser utilizado como um medicamento acessível no tratamento da população crescente de doentes com diabetes nos países em desenvolvimento.

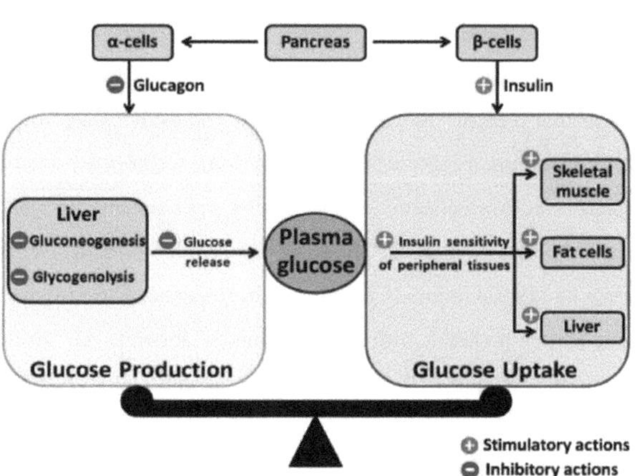

Fig.4.1 Possíveis acções anti-hiperglicémicas do esteviosídeo e compostos relacionados

Anti-hipertensivo

Os efeitos anti-hipertensivos do esteviosídeo e do extrato de estévia podem dever-se em parte aos seus efeitos no volume plasmático. A infusão intravenosa de esteviosídeo em ratos induz natriurese, diurese e aumento do fluxo plasmático renal (RPF), mas não afecta a taxa de filtração glomerular (GFR) (Melis et.al., 1992). Uma vez que estes fenómenos são abolidos pela indometacina, foi sugerido que o esteviosídeo pode causar vasodilatação das arteríolas aferentes e eferentes, levando a um aumento do FPR sem alteração da TFG (Melis & Sainati, 1991). O aumento da taxa de fluxo de urina ou diurese pode ter sido devido à diminuição da reabsorção de fluido e sódio no túbulo proximal. Este facto é apoiado pelos resultados de um aumento da depuração da glicose após a administração de esteviosídeo no rato, indicando uma diminuição da reabsorção da glicose pelas células tubulares renais proximais. Finalmente, podemos dizer que o esteviosídeo reduz a mABP afectando tanto o volume plasmático como a resistência vascular. O esteviosídeo inibe o influxo de Ca2+ no músculo liso vascular, o que provoca vasodilatação e consequente redução da resistência periférica total. O esteviosídeo também produz diurese e natriurese, resultando na redução do volume do fluido extracelular. Assim, o mecanismo subjacente à ação anti-hipertensiva do esteviosídeo é a sua capacidade de reduzir ambos os factores que determinam a pressão arterial média (mABP). Contudo, o esteviosídeo parece não ter qualquer impacto significativo na pressão sanguínea em seres humanos com pressão sanguínea normal e baixa em repouso. A capacidade de redução da pressão arterial do esteviosídeo só é observada em indivíduos hipertensos. Assim, existe um risco relativamente baixo de desenvolvimento de hipotensão em seres humanos normais e saudáveis com as quantidades de esteviosídeo encontradas na dieta.

Efeitos anti-inflamatórios e anticancerígenos

A inflamação é uma reação imune inata dos tecidos vasculares a estímulos nocivos, tais como agentes patogénicos, células lesadas ou substâncias irritantes. Um satélite de tipos de células, como as células imunitárias, epiteliais e endoteliais, participa interactivamente neste processo para remover os estímulos nocivos e iniciar o processo de cicatrização. No entanto, a inflamação também está associada a uma série de perturbações, como as doenças auto-imunes, a doença inflamatória intestinal, a aterosclerose e o cancro (Atassi & Casali, 2008, Bamias & Cominelli, 2007; Cho, 2008, Niessner et.al., 2007). Além disso, em algumas circunstâncias patológicas, as consequências da inflamação podem ser devastadoras e estão associadas à deterioração funcional dos órgãos afectados. O esteviosídeo e o esteviol exercem efeitos anti-inflamatórios nas células epiteliais do cólon. Sob regulação fisiológica, os colonócitos não só funcionam para formar uma barreira através da qual o fluido e o eletrólito são transportados, mas também servem como um sensor imunitário inato de organismos microbianos patogénicos e comensais (Sartor, 2008). O papel dos colonócitos nas reacções inflamatórias baseia-se em grande medida na interação específica entre os receptores toll-like nos colonócitos e os antigénios derivados de agentes patogénicos. Esta interação entre o hospedeiro e o agente patogénico leva à ativação da via de sinalização NF-KB e à subsequente indução da expressão de citocinas pró-inflamatórias, sendo a IL-8, um quimio-atractor de neutrófilos, a principal. Recentemente, Boonkaewwan et.al. (2008) avaliaram os efeitos do esteviosídeo e do esteviol na libertação de IL-8 de uma linha celular do cólon humano. Como a libertação máxima de IL-8 induzida pelo TNF-a requer um período de tempo mais curto do que a induzida pelo LPS, o TNF-a foi utilizado como estimulador. Utilizando doses não tóxicas de esteviosídeo (b2 mM) e esteviol (b0,2 mM), a libertação de IL-8 induzida por TNF-a não é afetada pelo esteviosídeo, mas é suprimida pelo esteviol. A análise de imunoblot mostrou que o esteviol reduz a expressão de NF-KB. Como o esteviosídeo é completamente degradado pela microflora residente em esteviol, será de particular interesse avaliar a capacidade do esteviosídeo oral para reduzir a inflamação ou a transformação do cancro num modelo animal de colite (Wingard et.al., 1980; Hutapea et.al., 1997; Gardana et.al., 2003; Geuns, 2003). As actividades imunomoduladoras in vivo do esteviosídeo foram recentemente demonstradas (Sehar et.al., 2008). O esteviosídeo (6,25, 12,5 e 25 mg/kg de peso corporal) administrado a ratos promove as funções fagocíticas, como indicado por um índice fagocítico aumentado no teste de eliminação de carbono e uma resposta imunitária humoral aumentada, como medido por um aumento no título de anticorpos para o antigénio de teste. As experiências in vitro também demonstraram os efeitos estimulantes do esteviosídeo na atividade fagocítica e na proliferação de células B e T estimuladas por LPS e concanavalina A, respetivamente. Estes resultados apoiam ainda mais a suposição de que o consumo oral de esteviosídeo pode ser útil na promoção da imunidade contra a infeção por microrganismos (Chatsudthipong e Muanprasat, 2009).

Efeito anti-cariogénico

Existem várias bactérias presentes na nossa cavidade oral, particularmente Streptococci mutans, que fermentam vários açúcares para produzir ácidos. Estes, por sua vez, danificam o esmalte dos dentes e formam bolsas ou cáries. O esteviosídeo e o rebaudiosídeo A, os dois constituintes doces primários da planta Stevia, foram testados num grupo de 60 ratazanas (Das etal, 1992). Os ratos foram divididos em quatro grupos: um grupo de controlo e os outros três grupos experimentais (esteviosídeo, rebaudiosídeo A e açúcar). No entanto, o grupo alimentado com açúcar tinha significativamente mais cáries do que os outros dois grupos, concluindo que nem o esteviosídeo nem o rebaudiosídeo A são cariogénicos em condições experimentais. Isto deve-se ao facto de os produtos químicos presentes na planta Stevia não serem fermentáveis, mesmo que apenas confiram doçura e, por conseguinte, não produzam cáries (Virendra e Kalpagam, 2010: Jocelynn e Michael, 2010).

Absorção e metabolismo dos glicosídeos de esteviol

Trabalhos anteriores em ratos e humanos mostraram que (a) pouco ou nenhum esteviosídeo é absorvido pelo sangue; (b) que ocorre alguma circulação entero-hepática de metabólitos em ratos; e (c) a conversão do esteviol em seu glucuronídeo é uma importante via de eliminação (Nakayama et.al., 1986; Geuns et.al., 2003, 2006). Os artigos de Roberts e Renwick (2008) e Wheeler et.al. (2008) neste Suplemento confirmam o trabalho anterior sobre o esteviosídeo e demonstram que o rebaudiosídeo A é metabolizado da mesma forma que o esteviosídeo tanto em ratos como em humanos. Os princípios básicos do metabolismo do glicosídeo de esteviol são semelhantes em ratos e humanos, mas os resultados do estudo do metabolismo do rebaudiosídeo também demonstraram uma diferença entre a excreção de esteviol em ratos e humanos que foi relatada anteriormente, mas talvez não seja amplamente apreciada. A excreção de glucuronídeo de esteviol em ratos ocorre principalmente nas fezes através do trato biliar, enquanto que em humanos a excreção urinária do glucuronídeo é predominante (Geuns, 2006). Este facto deve-se a limiares de peso molecular diferentes para a excreção biliar de aniões orgânicos (por exemplo, glucuronídeos) em humanos e ratos e é observado com muitas substâncias ingeridas. A revisão de Renwick e Tarka (2008) sobre o metabolismo microbiano do esteviosídeo e do rebaudiosídeo A neste Suplemento conclui que ambas as substâncias são metabolizadas em esteviol no intestino através dos mesmos mecanismos. Tanto o rebaudiosídeo A quanto o esteviosídeo sofrem hidrólise pela microflora intestinal em esteviol, que não é mais metabolizado pela flora intestinal. Um método de avaliação da ingestão que utiliza dados reais de ingestão para os adoçantes de baixas calorias existentes com um elevado nível de consumo fornece um processo mais preciso em comparação com os modelos que assumem a substituição completa de adoçantes calóricos e não calóricos (Renwick, 2006). Renwick (2008) avaliou a ingestão de adoçantes de baixas calorias existentes a partir de inquéritos publicados realizados em vários países, e equilibrou as comparações de adoçantes expressando a sua ingestão em equivalentes de sacarose. Após a conversão para equivalentes de sacarose, esta abordagem calculou a média dos consumos do percentil 90 ou superior de vários inquéritos, resultando numa estimativa conservadora global do consumo de rebiana do percentil 90 com base em dados reais de adoçantes de baixas calorias. Os consumos de todos os edulcorantes foram considerados, mas os dados dos edulcorantes com um consumo relativamente baixo numa base de dados específica foram frequentemente excluídos quando a sua inclusão reduziria inadequadamente a estimativa global de consumo. É importante salientar que o processo inclui especificamente resultados para crianças e consumidores com diabetes, permitindo assim a estimativa da exposição alimentar em populações especiais com consumos potencialmente elevados de um novo adoçante (Carakostas et.al., 2008)

CAPÍTULO 5
AVALIAÇÕES TOXICOLÓGICAS DOS GLICOSÍDEOS DE ESTEVIOL

Devido à sua utilização popular como substitutos não calóricos do açúcar e como remédios, as propriedades toxicológicas dos esteviosídeos e do esteviol têm sido extensivamente estudadas tanto em ambiente invitro como em animais experimentais.

Genotoxicidade

As avaliações toxicológicas do esteviosídeo sugerem que se trata de um composto relativamente seguro. O esteviosídeo tem uma toxicidade oral aguda muito baixa com valores de DL50 oral >15 g/kg de peso corporal em espécies de roedores (JECFA, 1999). Estudos de carcinogenicidade a longo prazo do esteviosídeo (5% na dieta) em ratos Fischer 344 não revelaram qualquer evidência de cancro após 108 semanas (Toyoda et.al., 1997). O esteviosídeo, a 5% da dieta, também não actuou como promotor da carcinogénese da bexiga em ratos Fischer 344 (Hagiwara et.al., 1984). A maioria dos estudos de toxicologia genética positiva envolve a mutação bacteriana com esteviol, em particular os que utilizam um método de mutação direta na estirpe TM667 (Pezzuto et.al., 1985), mas o esteviol também induziu quebras cromossómicas e mutações genéticas em células de mamíferos (Matsui et.al., 1996a). O JECFA (2005) concluiu que o esteviosídeo e o rebaudiosídeo A foram submetidos a testes genéticos adequados utilizando métodos convencionais e não apresentam provas de atividade genotóxica. No entanto, uma publicação recente de Nunes et.al. (2007) referiu que o esteviosídeo fornecido a 4 mg/ml na água potável produziu quebras de ADN em células sanguíneas, baço, fígado e cérebro de ratos quando administrado durante 45 dias na água potável. Com base neste ponto de vista, Brusick, em 2008, avaliou criticamente a genotoxicidade do esteviol, do esteviosídeo e do rebaudiosídeo, tendo concluído o seguinte Os glicosídeos de esteviol, o rebaudiosídeo A e o esteviosídeo não são genotóxicos in vitro, não demonstraram ser genotóxicos in vivo em ensaios bem conduzidos, produzem quebras de ADN in vivo que parecem ser imperfeitas e foram incorretamente interpretadas como uma resposta positiva. A genotoxicidade do esteviol em células de mamíferos está limitada a ensaios in vitro que podem ser afectados por concentrações excessivas do composto. As principais provas da genotoxicidade do esteviol provêm de testes em bactérias muito específicas ou de ADN plasmídico purificado que não possuem capacidades de reparação do ADN. Por último, concluíram que o esteviosídeo não é cancerígeno nem promotor de cancro em bioensaios bem conduzidos com roedores.

Toxicidade aguda e crónica

A toxicidade aguda do esteviosídeo e do esteviol (um produto da hidrólise enzimática do esteviosídeo) foi investigada em três espécies animais, incluindo a ratazana, o rato e o hamster. Foi comparada a suscetibilidade à toxicidade aguda do esteviosídeo e do esteviol em ambos os sexos destas espécies animais. Os animais foram tratados por via intra-gástrica com esteviosídeo ou esteviol e foram observados os sinais e sintomas gerais. O número de animais mortos foi registado num período de 14 dias após a administração para estimar a DL50. O esteviosídeo numa dose de 15 g/kg de peso corporal não foi letal para ratinhos, ratos ou hamsters. Verificou-se que os hamsters são mais susceptíveis ao esteviol do que os ratos ou os ratinhos. Os valores LD50 do esteviol em hamsters foram de 5,20 e 6,10 g/kg de peso corporal para machos e fêmeas, respetivamente. Nos ratos e ratazanas, os valores LD50 do esteviol foram superiores a 15 g/kg de peso corporal em ambos os sexos. O exame histopatológico do rim de hamsters induzido pelo esteviol revelou uma degeneração grave das células tubulares proximais. Estas alterações estruturais estavam correlacionadas com os aumentos do azoto ureico no sangue (BUN) e da creatinina. Por conseguinte, a possível causa de morte induzida pelo esteviol pode dever-se a uma insuficiência renal aguda (Toskulkao et.al., 1997). Finalmente, com base nos estudos acima referidos, concluíram que o esteviosídeo e o esteviol têm uma toxicidade oral aguda muito baixa no rato, na ratazana e no hamster (Sharma et.al., 2009). A ingestão crónica de 1000 mg/d de rebaudiosídeo A foi bem tolerada e não produziu hipoglicemia nem alterou a pressão arterial em homens e mulheres com diabetes de tipo 2 (Maki et.al. 2008). De acordo com os estudos citotóxicos mais recentes sobre o esteviosídeo, os dados mostram que o esteviosídeo não tem efeito citotóxico a uma concentração de 1,25 g/litro (Rejab et al., 2009).

Fertilidade e tetrogenicidade

Estudos mais antigos relataram efeitos anti-fertilidade, bem como diminuições nos pesos dos testículos, vesícula seminal e cauda epididimária e uma redução na concentração de espermatozóides, em ratos que receberam extractos brutos de Stevia (Melis, 1999). No entanto, os estudos de toxicidade reprodutiva com esteviosídeo de pureza conhecida (90% ou 96,5%) com doses até 2500mg /kg de peso corporal em hamsters e 3000mg/kg de peso corporal em ratos não mostraram qualquer efeito nos índices de toxicidade para o desenvolvimento (Mori et.al.,1981). No estudo com hamsters, tanto os machos como as fêmeas foram tratados com esteviosídeo durante 3 ciclos de acasalamento. Não foi registado qualquer efeito na fertilidade, no número de descendentes ou nos tecidos reprodutivos de ambos os sexos (Yodyingyuad e Bunyawong, 1991, Usami et.al. 1995). Devido às questões discutíveis da toxicidade reprodutiva dos extractos de Stevia, foram realizadas mais investigações para confirmar a segurança reprodutiva do rebaudiosídeo A de elevada pureza. Curry e Roberts, em 2008, estudaram este facto em duas fases de estudos de alimentação. Na primeira fase do estudo, avaliaram os resultados através de exames histopatológicos e concluíram que não foram observados efeitos adversos relacionados com o tratamento nos sistemas reprodutores masculino ou feminino. Para completar a avaliação da segurança reprodutiva, foi efectuado um estudo de segurança reprodutiva de duas gerações a níveis dietéticos como segunda fase. No estudo, não foram observados efeitos relacionados com o tratamento do rebaudiosídeo A nas gerações F0 ou F1 nos parâmetros de desempenho reprodutivo, incluindo desempenho no acasalamento, fertilidade, duração da gestação, ciclos de cio ou motilidade, concentração ou morfologia dos espermatozóides. Mas não foram observados efeitos no desenvolvimento, o que é consistente com os estudos multigeracionais efectuados em hamsters com esteviosídeo purificado (Carakostas et.al., 2008). De acordo com estes estudos, não há efeitos relacionados com o tratamento na fertilidade ou no desempenho do acasalamento e os fetos não desenvolveram quaisquer malformações. Os estudos toxicológicos revelam que os glicosídeos de esteviol são seguros e devem ser autorizados como aditivos alimentares na Europa. Não existem preocupações em termos de saúde pública e segurança para os "EUSTAS Stevia glycosides" quando utilizados como aditivo alimentar nos níveis máximos propostos pelo requerente. Haverá um acompanhamento contínuo da qualidade no mercado europeu. Além disso, o grupo dos glicosídeos de esteviol não é um novo aditivo alimentar e já está aprovado em muitos países. Pode estimar-se que, provavelmente, cerca de 150 milhões de pessoas consomem diariamente glicosídeos de esteviol como tal ou como componentes de folhas secas de Stevia.

CAPÍTULO 6
BIOQUÍMICA DOS GLICOSÍDEOS DE ESTEVIOL

A configuração do esteviosídeo foi resolvida há mais de trinta anos e os trabalhos que se seguiram concluíram que os glicosídeos de esteviol são derivados do kaureno pela via do mevalonato (MVA) (Fukuchi et.al., 2003; Firn e Jones, 2003; Bennett et.al., 1967; Hanson e White,1968). Além disso, foi demonstrado, através de expressão heteróloga em Escherichia coli, que os cDNAs clonados codificam proteínas funcionais e encontraram uma elevada atividade de HMG-CoA redutase, uma enzima chave da via do ácido mevalónico (MVA) para IPP, na fração de cloroplasto da Stevia. Sugeriram que o esteviol era sintetizado através do MVA, mas não foram apresentadas provas diretas para apoiar esta avaliação. No entanto, mais tarde, Lichenhallter (1999) e Totte et.al. (2000) demonstraram, utilizando a marcação in vivo com [1-13C] glucose e espetroscopia NMR, que os precursores dos esteviosídeos são de facto sintetizados através da via do metil eritritol 4-fosfato (MEP) localizada nos plastídeos, tal como todos os diterpenos. Os resultados relativos ao envolvimento da via MEP na biossíntese dos glicosídeos de esteviol lançam dúvidas sobre a sua hipótese, uma vez que não foi detectada qualquer contribuição da via MVA. As conclusões foram confirmadas por Brandle et.al. (2002), que sequenciaram 5548 etiquetas de sequências expressas (ESTs) de uma biblioteca de cDNA de folhas de estévia. As ESTs foram classificadas de acordo com a sua função no metabolismo primário ou secundário. Na última categoria, foram identificados muitos genes candidatos específicos da via MEP e nenhum membro da via MVA, o que sugere que a fonte primária de biossíntese de IPP ou diterpeno é através da via MEP. A biossíntese de glicosídeos de esteviol emerge da biossíntese de giberelinas com a hidroxilação do ácido kaurenóico pela 13- hidroxilase do ácido kaurenóico (Brandle & Telmer, 2007). Na biossíntese das giberelinas, a hidroxilação ocorre na posição C-13 do ácido kaurenóico por ação da 7-hidroxilase do ácido ent-kaurenóico na posição 7a, enquanto no esteviol, o precursor da síntese dos glicosídeos de esteviol, ocorrerá na posição C-13 do ácido kaurenóico por ação da 13-hidroxilase do ácido ent kaurenóico (Humphrey et.al., 2006). A seguir, o primeiro passo é a glicosilação sequencial de uma série de UDP-glicosiltransferases (UGTs) para produzir a variedade de glicosídeos de esteviol.

Via do Metil Eritritol Fosfato (MEP)

A convergência da genómica e da bioquímica vegetal conduziu à rápida elucidação dos genes que codificam as várias enzimas da via biossintética (Brandle et.al., 1998). A Fig.6.1 demonstra a bioquímica da síntese de glicosídeos de esteviol (esteviosídeo) pela via do metil eritritol fosfato. As experiências na planta Stevia mostraram que os primeiros passos na biossíntese do esteviosídeo envolvem a via do 1-deoxi-D-xilulose 5-fosfato (SXP) localizada nos plastídeos (Brandle et.al. 2002; Totte et.al. 2000, 2003). O primeiro passo na via biossintética do esteviol glicosídeo é a formação de DXP a partir de piruvato e gliceraldeídos 3-fosfato pela síntese de DXP dependente de fosfato de tiamina (Lange et.al., 1998; Eisenreich et.al., 2001). A cadeia de DXP é depois reduzida e rearranjada pela DXP redutorisomerase, formando 2- C-metil-D-eritritol 4-fosfato (MEP) (Lange & Croteau, 1999). O 2-C-metil-D-eritritol 4-fosfato foi posteriormente convertido fosforilado em 4-difosfocitidil-2-C-metil-D-eritritol pela enzima 4-difosfocitidil-2-C-metil-D-eritritol sintase (Rohdich et.al. 2000a: Luettgen et.al., 2000: Herz et.al., 2000). Este composto é posteriormente convertido em 4-difosfocitidil-1, 2-C-metil-D-eritritol 2-fosfato pela enzima 4-difosfocitidil-2-C-metil-D-eritritol quinase (Rohdich et.al., 2000b). Em seguida, o composto obtido é convertido em 2-C-metil-D-eritritol-2, 4-ciclodifosfato com a ajuda da enzima 2-C-metil-D-eritritol-2, 4-ciclodifosfato, que por sua vez é convertido em dois compostos, o difosfato de isopentenilo (IPP) e o difosfato de dimetilalilo (DMAP) (Arigoni et.al., 1999; Rodriguez et.al., 2004). Estes dois compostos são posteriormente convertidos em geranil - geranil difosfato (GGDP) pela enzima Geranil-Geranil Di Fosfato (GGDP) sintase através de três reacções de condensação sucessivas (McGarvey & Croteau, 1995).

Como todos os diterpenos, o glicosídeo de esteviol é sintetizado a partir de GGDP, primeiro por ciclização iniciada por protonação para copalil difosfato (CPP) pela CPP sintase (Richmann et.al., 1999; Hedden & Philips, 2000). Em seguida, o kaurene é produzido a partir do CPP por uma ciclização dependente da ionização catalisada pela kaurene synthase (Richmann et.al., 1999). O kaureno é depois oxidado na posição C-19 em ácido kaurenóico pela enzima P-450 mono-oxigenase (Helliwell et.al., 1999). O esteviol é produzido pela hidroxilação do ácido kaurenóico na posição C-13 pela ação da 13- hidroxilase do ácido kaurenóico (Brandle & Telmer, 2007). Este é o primeiro passo na síntese de glicosídeos de esteviol e a enzima é de grande interesse para utilização em biotecnologia. Foi relatado que foi parcialmente purificada e foi descrita uma sequência N-terminal (Kim et.al., 1996); no entanto, os esforços para utilizar essa sequência para clonar um fragmento do gene no nosso laboratório e os relatados por outros não conseguiram produzir qualquer sequência significativa, lançando dúvidas sobre a sua validade (Brandle & Telmer,2007; Geuns, 2003). A biossíntese do esteviol representa o primeiro relatório sobre a formação do esqueleto de ent-kaureno através da via MEP. As giberelinas são derivadas do mesmo esqueleto diterpénico e representam hormonas vegetais essenciais. A sua concentração intracelular é demasiado baixa para permitir experiências de marcação com isótopos estáveis, mas as descobertas sobre a biossíntese de esteviol fornecem uma indicação de que as giberelinas também são formadas através da via MEP (Totte et.al., 2000,2003). A aglicona esteviol tem dois grupos hidroxilo, um ligado ao C-19 do carboxilo C-4 e o outro ligado ao C-13, ambos os quais, teoricamente, podem ser glicosilados (Shibata et.al. ,1991) Verificaram que apenas o 19-O-estéviol podia servir de substrato e concluíram que a síntese de SGs começa com a glucosilação do 13-hidroxilo do esteviol, que produz esteviolmonósido O passo seguinte é a glucosilação do C-2' da 13-O-glicose do esteviolmonósido, que resulta na produção de esteviolbiosido. O esteviosídeo é então produzido pela glicosilação do carboxilo C-19 do esteviolbiosídeo (Shibata et.al., 1991).

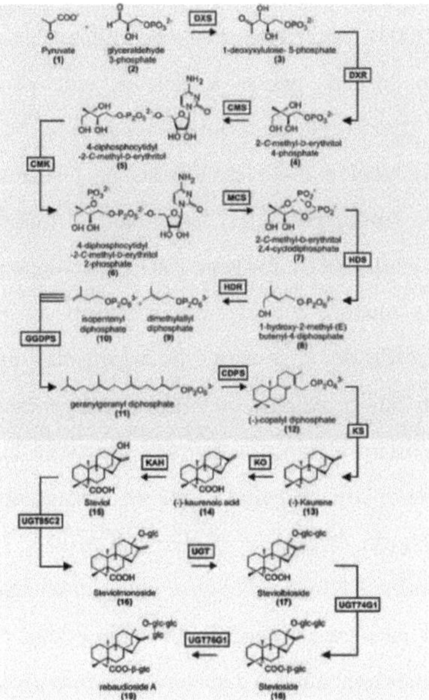

Fig.6.1 Via esquemática da biossíntese dos glicosídeos de esteviol em Stevia rebaudiana

CAPÍTULO 7
URIDINA DIFOSFATO GLICOSILTRANSFERASE (UGT)

A glicosilação é quantitativamente a reação mais significativa na Terra. É catalisada por uma super família de enzimas, as glicosiltransferases de difosfato de uridina (UGTs), que foram classificadas em mais de 70 famílias (Campbell et.al., 1997). As UGTs podem normalmente transferir açúcares activados simples ou múltiplos de dadores de nucleótidos de açúcar para uma vasta gama de pequenos receptores moleculares de plantas. As moléculas hidroxiladas são os aceptores mais comuns, enquanto a UDP-glicose é o dador mais comum nas reacções de transferência de grupos glicosil catalíticos da UGT, daí o nome "UGTs" para as glicosil transferases de plantas, por vezes (Wang e Hou, 2009). A transferência de açúcares activados como a UDP-glicose para moléculas aceptoras de agliconas ajuda a estabilizar, desintoxicar e solubilizar metabolitos e é frequentemente o ponto final das vias de produtos secundários. Pensava-se que as UGTs das plantas eram promíscuas; no entanto, as provas demonstram que esta ampla especificidade de substrato é limitada por uma especificidade regional (Hansen et.al., 2003; Lim et.al., 2003). Nalguns casos, as UGTs demonstraram ser altamente específicas (Fukuchi et.al., 2003). Dada a existência de milhares de aceitadores e apenas cerca de 100 UGTs diferentes numa dada planta, a ideia de uma enzima para um substrato é questionável e deve existir algum grau de multifuncionalidade. Nas plantas, as UGTs estão geralmente localizadas no citosol e estão envolvidas na biossíntese de produtos naturais vegetais, como flavonóides, fenilpropanóides, terpenóides e esteróides, e na regulação das hormonas vegetais (Bowles et.al., 2006). Os genes UGT apresentam uma elevada divergência de sequências, mas são, no entanto, considerados membros da mesma superfamília. Uma árvore filogenética para UGTs de uma série de organismos apresenta grupos distintos relacionados com a origem das proteínas, ou seja, os reinos bacteriano, fúngico, animal, vegetal ou viral, embora existam algumas excepções (Paquette et.al., 2003). O sistema de consenso de nomenclatura desenvolvido pelo Comité de Nomenclatura UGT nomeia os genes UGT com base na sua evolução divergente (Keiko e Kousuke, 2011). As UGT contêm o domínio proteico conservado UDPGT. Pensa-se que esta sequência de consenso de aminoácidos está envolvida na ligação à porção UDP do nucleótido de açúcar (Mackenzie et.al., 1997). As UGTs vegetais também são caracterizadas pela presença de uma sequência de consenso C-terminal que compreende 44 resíduos de aminoácidos, que correspondem ao motivo de assinatura acima, UDPGT, denominado caixa de glicosiltransferase de produto secundário vegetal (PSPG) (Mackenzie et.al., 1997; Paquette et.al., 2009, Keiko e Kousuke, 2011). Verificou-se que as sequências de aminoácidos codificadas pelos genes UGT que contêm a sequência de consenso apresentada na Fig. 7.1, cujo comprimento varia entre 435 e 507 aminoácidos, possuem nove regiões conservadas, incluindo a sequência de consenso que define a UGT. O nível de semelhança entre estas sequências de aminoácidos da UGT varia entre mais de 95% e menos de 30% de identidade. As regiões amino-terminais são mais variáveis do que as regiões carboxi-terminais, o que apoia a sugestão de que o domínio envolvido no reconhecimento e na ligação dos diversos substratos de agliconas está localizado no terminal amino da proteína, ao passo que a região carboxi-terminal codifica um domínio envolvido na ligação do substrato de açúcar nucleótido (Ross et.al. 2001). As percentagens do gene UGT até agora identificadas em plantas vasculares, quando comparadas com as do sistema humano e de outros animais, são altamente negligenciáveis (0,07%). A análise de uma árvore filogenética de UGTs de uma série de organismos mostrou que as UGTs de plantas formam um grande clado específico, com exceção de dois clados menores que incluem as famílias UGT80e UGT81 (Paquette et.al. 2003). Esta análise sugere que as UGTs nas plantas e noutros organismos multicelulares podem ter evoluído independentemente a várias taxas de expansão e que a divergência das UGTs das plantas pode ser uma adaptação à variedade de ambientes terrestres inibidos pelas plantas vasculares (Keiko e Kousuke, 2011). Os substratos das UGTs vegetais incluem terpenóides, alcalóides, glucósidos cianogénicos e glucosinolatos, bem como flavonóides, isoflavonóides e outros fenilpropanóides. As UGTs transferem açúcares activados por nucleótidos-difosfato para substratos de baixo peso molecular. A forma de açúcar ativado é geralmente UDP-glicose, mas também se encontram UDP-galactose, UDP-ramnose, UDP-xilose e UDP-ácido glucurónico (Sarah et.al., 2009). A glicosilação simples ou múltipla dos aceitadores pode ocorrer nos grupos -OH, -COOH, -NH2, -SH e C-C (Boweles et.al. 2006). A previsão da especificidade do substrato com base em análises filogenéticas tem sido estudada e melhorará certamente à medida que estiverem disponíveis mais dados bioquímicos sobre as preferências de substrato das UGTs em cada subgrupo. No entanto, por enquanto, a especificidade do substrato não pode ser atribuída apenas com base na análise da sequência primária. Um grande progresso na compreensão da especificidade do substrato das UGTs foi o conceito de que as UGTs reconhecem os seus substratos de uma forma regiosselectiva ou regioespecífica. A análise filogenética das UGTs de A. thaliana mostra que a regioespecificidade se correlaciona em grande medida com a filogenia, enquanto algumas excepções têm de ser explicadas por eventos de mudança de região durante a evolução. A dedução da especificidade do substrato envolve não só a especificidade em relação ao aceitador de açúcar, mas também ao dador de açúcar UDP.

WAPQLLILAHPAVGGFLSHCGWNSSLEAVTAGVPMITWPVMADQ

Fig.7.1 Sequência de consenso da PSPG (Plant secondary Product Glycosyltransferase) das glicosiltransferases vegetais obtida através de alinhamento múltiplo de sequências. Os aminoácidos idênticos estão indicados a vermelho, os aminoácidos altamente conservados estão indicados a azul e os aminoácidos semiconservados estão indicados a verde

UGTs na síntese de glicosídeos de esteviol

Como um grupo divergente de enzimas de glicosilação, o papel da UGT em S. rebaudiana foi estudado por vários investigadores. O rebaudiosídeo A é então sintetizado por glucosilação do C-3'do C-13-O-glucose. Quando é utilizado como substrato, o rebaudiosídeo A não dá produto, indicando que é o passo terminal na via (Brandle & Telmer, 2007). O tri-glicosídeo esteviosídeo e o tetra-glicosídeo rebaudiosídeo A representam tipicamente a maioria dos glicosídeos de esteviol presentes nas folhas de S. rebaudiana (Kinghorn e Soejarto, 1985). Os glicosídeos rahamnosilados também podem ser formados pela adição de uma porção de ramnose UDP ao esteviolmonósido e, em genótipos enriquecidos em rebaudiosídeo C, o C2'do C13-glicose pode ser xilosilado para formar o rebaudisode F (Starratt et.al., 2002).Uma vez que o primeiro passo na síntese de glicosídeos de esteviol é a hidroxilação do ácido kaurenóico para formar esteviol, que é subsequentemente glicosilado por uma série de UDP glicosil transferases (UGTs) para produzir a variedade de glicosídeos de esteviol, as UGTs têm um papel pertinente na biossíntese de glicosídeos de esteviol (Madan et.al., 2010). Os cientistas revelaram 12 dos 17 candidatos a glicosiltransferases da sua coleção de EST. Das 12 UGTs, foi determinado o papel específico de 3 UGTs- UGT85C2, UGT74G1 e UGT76G1 que estavam envolvidas na biossíntese de glicosídeos de esteviol (Richmann et.al., 2005). A adição de C13-glicose ao esteviol é catalisada por UGT85C2 para a formação de esteviolmonósido, a glicose C19 por UGT74G1 para produzir esteviosídeo e, finalmente, a glicosilação do C3' da glicose na posição C13 é catalisada por UGT76G1 e leva à formação de rebaudiosídeo A (Fig.7.2) (Brandle & Telmer, 2007).

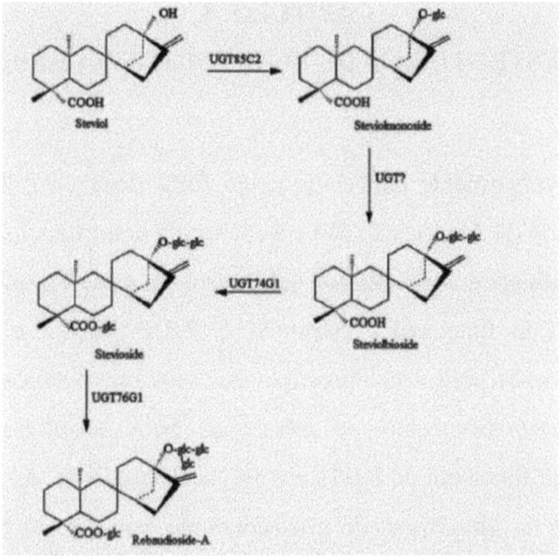

Fig.2.6 7.2.Diversidade funcional das UGTs na formação de glicosídeos de esteviol

CAPÍTULO. 8

ESTUDOS ESTRUTURAIS DE UGTS EM STEVIA REBAUDIANA

A Stevia rebaudiana, vulgarmente conhecida como folha doce ou folha de açúcar, é uma espécie vegetal originária da América do Sul e é conhecida pelas suas folhas de sabor doce. A doçura da Stevia rebaudiana é atribuída aos glicosídeos de esteviol, que são adoçantes não-calóricos. A caraterização funcional e estrutural de UDP-glicosiltransferases (UGTs) em Stevia rebaudiana é crucial para a compreensão das vias biossintéticas dos glicosídeos de esteviol e para o desenvolvimento de estratégias bem sucedidas de engenharia de proteínas.Caracterização funcional de UGTs em Stevia Rebaudiana: As UGTs desempenham um papel fundamental na biossíntese de glicosídeos de esteviol em Stevia rebaudiana. A utilização combinada de vectores binários da série pGWBs permite testar a funcionalidade das UGTs com vários substratos e outras aplicações para análise posterior, incluindo a localização subcelular. Através da caraterização funcional, três UGTs (SrUGT85C2, SrUGT74G1, SrUGT76G1) foram identificadas como sendo responsáveis pela síntese de Reb A através da reação de glicosilação. Adicionalmente, UGTSr, o gene envolvido na síntese de rebaudiosídeo, foi caracterizado, mostrando um padrão estrutural único em comparação com outras UGTs de Stevia. Caracterização estrutural de UGTs em Stevia Rebaudiana: A análise estrutural de UGTs de plantas tem sido utilizada para compreender a base molecular do funcionamento das UGTs e para facilitar a síntese de produtos naturais bioactivos desejáveis. A sequência e as informações estruturais de UGTs de plantas caracterizadas estruturalmente envolvidas no metabolismo especializado de plantas foram resumidas, fornecendo uma plataforma versátil para compreender a especificidade do substrato e desenvolver estratégias de engenharia de proteínas bem-sucedidas

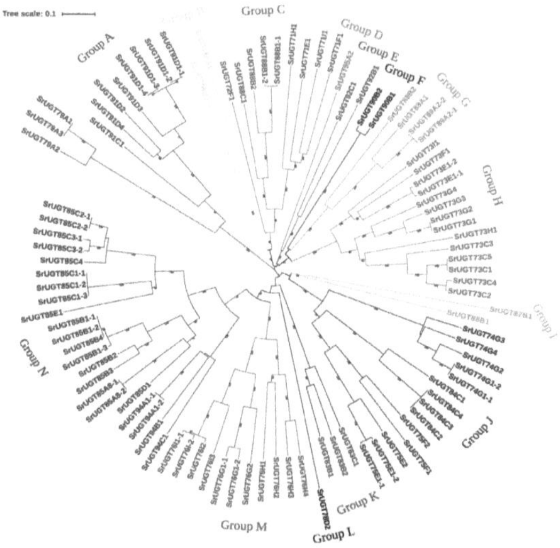

8.1. A análise filogenética da superfamília UGT de S. rebaudiana mostra 14 grupos distintos, cada um com um suporte bootstrap superior a 90% na análise de distância, excluindo o grupo I (66% bootstrap). A árvore mostrada foi derivada por análise de distância de união de vizinhos da sequência completa de aminoácidos descrita no ficheiro adicional 6. As análises de distância bootstrap consistiram em 1000 réplicas. Os valores de bootstrap são apresentados como percentagens das réplicas, em que os valores superiores a 50% são indicados acima dos nós.

Análise filogenética da superfamília UGT de S. rebaudiana: Uma análise filogenética da superfamília UGT de S. rebaudiana mostra 14 grupos distintos, cada um com um suporte de bootstrap superior a 90% na análise de distância. Através de estudos de transcriptoma em S. rebaudiana, as UGTs envolvidas na glicosilação de SGS foram identificadas com sucesso, e mais de uma dúzia de UGTs foram identificadas em Stevia rebaudiana **(Zhang et.al, 2020)**.

Estudos estruturais sobre UGTs em Stevia Rebaudiana

A Stevia rebaudiana, uma erva perene nativa da América do Sul, é notável pelo seu sabor intensamente doce e pelas suas potenciais aplicações farmacêuticas e medicinais. A planta contém compostos de glicosídeos diterpénicos, especificamente esteviosídeo e rebaudiosídeo, que são responsáveis pela sua doçura UGTs e Glicosilação: As uridina-difosfato glicosiltransferases (UGTs) desempenham um papel crucial na glicosilação dos glicosídeos de esteviol (SVglys) na Stevia rebaudiana. A glicosilação é uma modificação fundamental que contribui para determinar a bioatividade e a biodisponibilidade dos produtos naturais vegetais, incluindo os terpenóides e os SVglys. Mais de 60 SVglys e 68 UGTs putativas foram identificadas em Stevia rebaudiana, destacando a complexidade do processo de glicosilação nesta planta A uridina difosfato glicosiltransferase UGTSr exibe estabilidade funcional e especificidade diferente de outras UGTs de S. rebaudiana. Apresenta alterações helicoidais, a presença de um novo aminoácido, novas substituições de aminoácidos e ligações de hidrogénio nos resíduos conservados de histidina e aspartame, apoiando o seu estatuto único. Com referência às variações observadas na estrutura secundária da UGT3 em relação à da UGT76G1, esta foi ainda analisada para a previsão de imagens estruturais tridimensionais (3D) da UGT3 e da UGT76G1. A previsão da estrutura foi modelada pela estrutura 3D obtida do PDB-2PQ6. As estruturas modeladas foram sobrepostas para encontrar as diferenças estruturais. As Figuras 5.23a e 5.23.b demonstram as estruturas previstas de UGT3 (a) e UGT76G1 (b). A posição de H3, a nova hélice, foi localizada no terciário de UGT3, o que não foi observado em UGT76G1. É possível interpretar que a presença da hélice única H3 na estrutura secundária da UGT3 pode induzir mais variações. A formação de H3 na estrutura da UGT3 pode dever-se à presença de valina nas posições 87th e 91st , substituindo a glicina e a leucina, respetivamente. Esta nova hélice na posição 86th a 95th desencadeia a extensão da hélice próxima (H4) de 97th a 110th na UGT3 (Fig. 5.23.a). Além disso, as posições de Leu-23- Lys39 na UGT3 mostraram a adição de mais um aminoácido Lys na região helicoidal e a hélice apresenta uma substituição de aminoácidos I/M na posição 29th . A hélice alargada de Gly97-Leu110 em UGT3 mostrou uma adição de 8 aminoácidos na bobina, indicando a diferença de estrutura secundária de UGT3 em relação a UGT76G1 (Fig. 8.2). A folha B também mostrou a presença de mais um aminoácido na posição Pro240-Phe242. Estas diferenças na estrutura secundária reflectiram-se nas interações hélice-hélice, nas voltas B e nas voltas gama. Para além desta configuração estrutural que foi observada especialmente para a UGT3, foi observada uma ligação de hidrogénio entre a região conservada da histidina (His-25) e os resíduos de aspartato (ASP-124). A ligação de hidrogénio entre a histidina e o aspartato continua a ser uma caraterística específica da UGT3 em relação à UGT76G1. Foi referido que, em todas as UGT, uma histidina altamente conservada estava presente no sítio ativo, perto da porção de glucose do dador de açúcar e dos aceitadores. Esta histidina actua como uma base geral e um resíduo catalítico para a atividade enzimática, abstraindo um protão do substrato aceitador. Um resíduo de aspartato conservado próximo (ASP-124) interage com a histidina (His-25) na UGT3 formando uma ligação de hidrogénio. Este aspartato pode estabilizar a histidina e equilibrar a sua carga após a desprotonação do aceitador, o que pode levar a uma deslocação direta da porção UDP e formar um produto de ligação B-glucosídica.

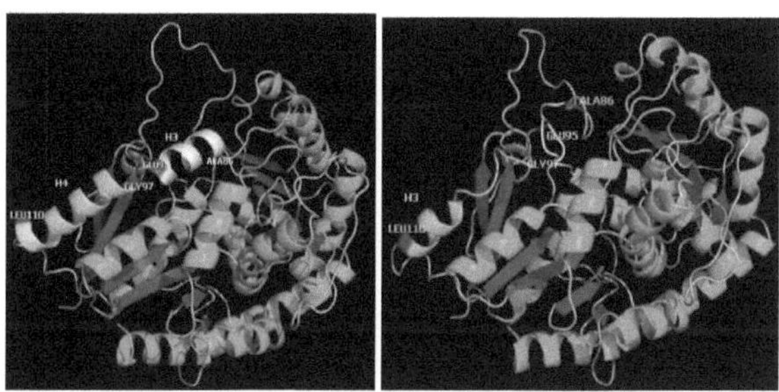

Fig. 8.2.Estrutura terciária prevista da UGT3. Estrutura que mostra uma nova hélice (H3) nas posições ALA-86 a Glu-95 e uma hélice H4 alargada da posição Gly-97 a LeU-110. A segunda estrutura mostra a ausência de uma nova hélice nas posições ALA-86 a Glu-95 e a ausência de extensão da hélice (H3) da posição Gly-97 a LeU-110.

Assim, a nova ligação de hidrogénio His-Asp observada na UGT3 pode conferir mais estabilidade e funcionalidade à UGT3 do que à UGT76G1.

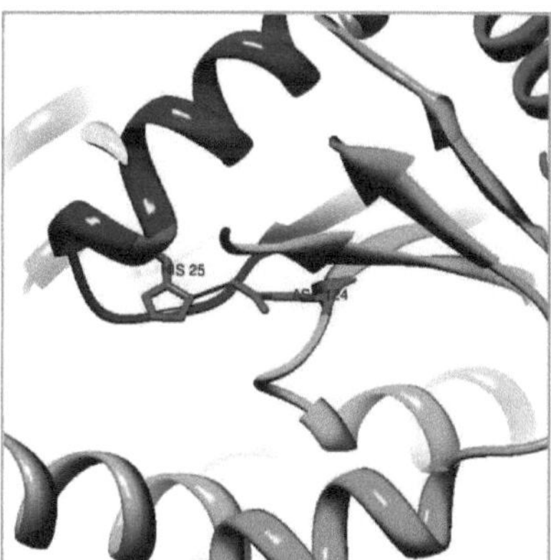

Fig. 8.3 Estrutura terciária da proteína UGT3, destacando a ligação de hidrogénio única entre a histidina 25 (His-25) e o ácido aspártico 124 (Asp-124).

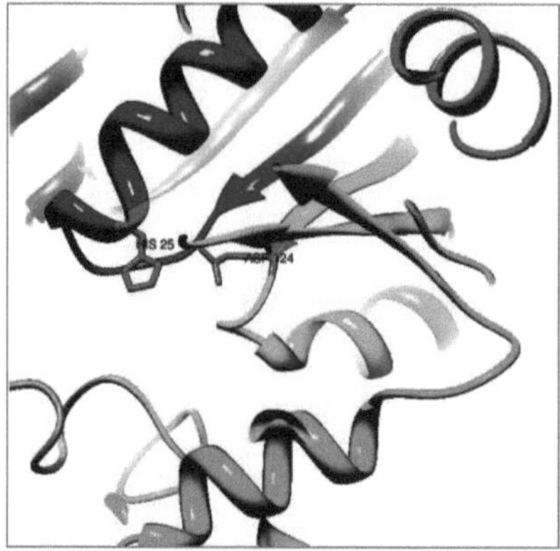

Fig.8.4 Estrutura terciária da proteína UGT76G1 mostrando a ausência de ligação de hidrogénio entre a histidina-25 (His-25) e o ácido aspártico-124 (Asp- 124).

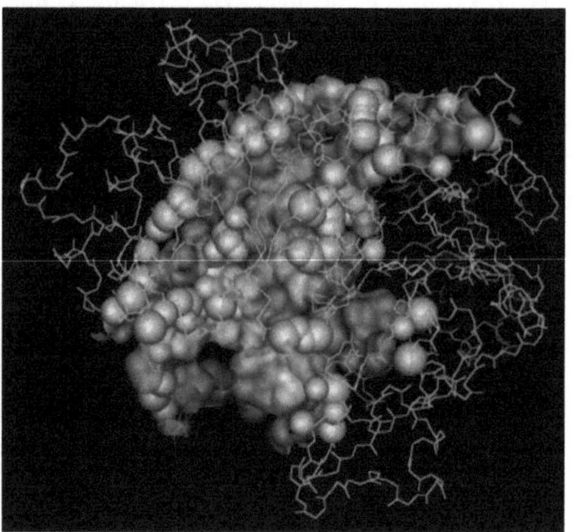

8.5Localização da bolsa de ligação da UGT3. A figura do software CASTp mostra uma estrutura de arame da UGT3, mostrando um dos principais domínios em diferentes modelos de preenchimento de espaço colorido.

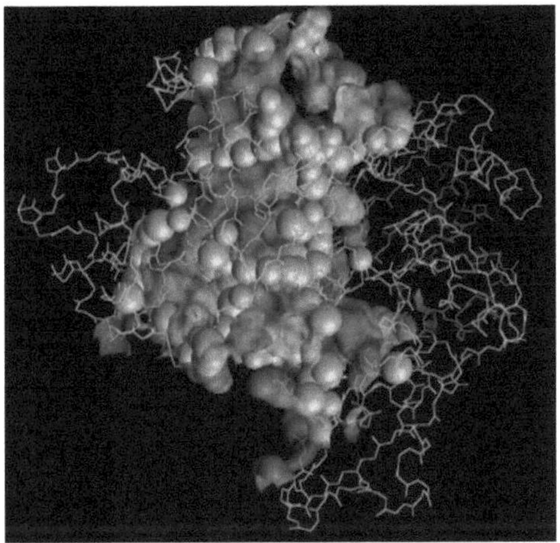

Fig.8.6 Localização da bolsa de ligação da UGT74G1. A figura do software CASTp mostra uma estrutura de arame da UGT74G1, mostrando um dos principais domínios num modelo de preenchimento de espaço com cores diferentes.

Os estudos estruturais e funcionais sobre UGTs em Stevia rebaudiana destacam os intrincados processos envolvidos na glicosilação e na biossíntese de glicosídeos de esteviol, contribuindo para a nossa compreensão das propriedades únicas e potenciais aplicações deste adoçante natural.

REFERÊNCIAS

1. Achnine, L., Huhman, D, V., Farag, M, A., Sumner, L, W., Blount, J, W., e Dixon, R, A. "Genomics-based selection and functional characterization of triterpene glycosyltransferases from the model legume Medicago truncatula", Plant J., Vol.41, pp.875-887, 2005.

2. Altschul, S.F., Madden, T.L., Schaffer, A.A., Zhang, J., Zhang, Z., Miller, W., e Lipman, D.J. "Gapped BLAST and PSI-BLAST: a new generation of protein database search programs", Nucleic Acids Res, Vol.25, pp.3389- 3402, 1997.

3. Anisha, S., Salini, B., e Mohankumar, C. " Recombinant lactoferrin (Lf) of Vechur cow, the critical breed of Bos indicus and the Lfgene variants", Gene, Vol.495, pp.23-28, 2012.

4. Arigoni, D., Eisenreich, W., Latzel, C., Sagner, S., Radykewicz, T., Zenk, M, H., e Bacher, A. "Dimethylallyl pyrophosphate isopentenyl pyrophosphate not the committed precursor during terpenoid biosynthesis from 1-deoxyxylulose in higher plants", Proc. Natl. Acad. Sci. U S A, Vol.96, No.4, pp.1309-1314, 1999.

5. Arun, P, V., Bakku, R, K., Subhashini, M., Singh, P., Prabhu, N, P., Suzuki, I., e Prakash, J, S. "CyanoPhyChe: a database for physico- chemical properties, structure and biochemical pathway information of cyanobacterial proteins", PLoS One, Vol.7, No.11, e49425, 2012.

6. Atassi, M, Z., e Casali, P. "Molecular mechanisms of autoimmunity", Autoimmunity, Vol.41, No.2, pp.123-132, 2008.

7. Augen, J. (2004) Bioinformatics in the Post-genomic era, Primeira edição, Pearson Education Inc

8. Bamias, G., and Cominelli, F. Immunopathogenesis of inflammatory bowel disease: current concepts", Curr Opin Gastroenterol, Vol.23, No. 4, pp.365-369, 2007.3

9. Bennett, R, D., Lieber, E, R., e Heftmann, E. "Biosynthesis of steviol from (-)-kaurene", Phytochemistry, Vol.6, pp.1107-1110, 1967.

10. Berman, H.M., Westbrook, J., Feng, Z., Gilliland, G., Bhat, T.N., Weissig, H., Shindyalov, I.N., e Bourne, P.E. "The Protein Data Bank", Nucleic Acids Res Vol.28, pp.235-242, 2000.

11. Bondarev, N, I., Sukhanova, M, A., Reshetnyak, O, V., e Nosov, A, M. "Steviol glycoside content in different organs of Stevia rebaudiana and its dynamics during ontogeny", Biologia Plantarum, Vol.47, pp. 261-264, 2003.

12. Bonvie, L., Bonvie, B., e Gates, D. "The Stevia story, a tale of incredible sweetness and intrigue", B.E.D Publications, Atlanta, 1997.

13. Boonkaewwan, C., Ao, M., Toskulkao, C., e Rao, M, C. "Specific Immunomodulatory and secretory activities of stevioside and steviol in intestinal cells", J Agric Food Chem, Vol.56, No.10, pp.3777-3784, 2008.

14. Bowles, D., Eng-Kiat, L., Brigitte, P., e Fabian, E, V. "Glycosyltransferases of lipophilic small molecules", Annu Rev Plant Bio, Vol.57, pp.567-97, 2006.

15. Branden, C., e Tooze, J. "Introduction to Protein Structure", Garland Publishing, Nova Iorque e Londres, 1991.

16. Brandle, J, E., e Telmer, P, G. "Steviol glycoside biosynthesis", Phytochemistry, Vol.68, pp.1855-1863, 2007.

17. Brandle, J, E., Richman, A., Swanson, A, K., e Chapman, B, P. "Leaf ESTs from Stevia rebaudiana: A resource for gene discovery in diterpene synthesis", Plant Molecular Biology, Vol.50, pp.613-622, 2002.

18. Brandle, J, E., Starratt, A, N., e Gijzen, M. "Stevia rebaudiana; Its agricultural, biological, and chemical properties", Canadian Journal of Plant Science, Vol.78, pp.527-536, 1998.

19. Brandle, J. "Genetic control of rebaudioside A and C concentration in leaves of the sweet herb, Stevia rebaudiana", Canadian Journal of Plant Science, Vol.79, pp.85-92, 1999.

20. Brusick, J, A. " A critical review of the genetic toxicity of steviol and steviol glycosides", Food Chem Toxicol, Vol.46, No.7, pp.s83-91, 2008.

21. Bustin. S, A., Vladimir, B., Jeremy, A. G., Jan, H., Jan, H., Mikael, K.,, Reinhold, M., Tania, N., Michael, W., Pfaffl ., Gregory, L., Shipley, Jo Vandesompele, e Carl T. Wittwer, "The MIQE Guidelines: Minimum Information for Publication of Quantitative Real-Time PCR", Experiments. Clinical Chemistry, Vol.55:, No.4, pp. 611-622, 2009.

22. Campbell, J, A., Davies, G, J., Bulone, V., e Henrissat, B. "A classification of nucleotide-diphospho-sugar glycosyltransferases based on amino acid sequence similarities", Biochem , Vol.326, pp.929-993, 1997.

23. Carakostas, M, C., Curry, L, L., Boileau, A, C., e Brusick, D, J. "Overview: The history, technical function and safety of rebaudioside A, a naturally occurring steviol glycoside, for use in food and beverages", Food and Chemical. Toxicology, Vol.46, No.7, pp.S1-10, 2008.

24. Chatsudthipong, V., e Muanprasat, C. "Stevioside and related compounds: Therapeutic

benefits beyond sweetness", Pharmacology & Therapeutics, Vol.121, pp.41-54, 2009.

25. Chen, T, H., Chen, S, C., Chan, P., Chu, Y, L., Yang, H, Y., e Cheng, J. "Mechanism of the hypoglycemic effect of stevioside, aglycoside of Stevia rebaudiana", Planta medica, Vol.71, pp.108-113, 2005.

26. Chenna, R., Sugawara, H., Koike, T., Lopez, R., Gibson, T.J., Higgins, D.G., e Thompson, J.D. "Multiple sequence alignment with the Clustal series of programs", Nucleic Acids Res, Vol.31, pp.3497-3500, 2003.

27. Cho, J, H. "The genetics and immunopathogenesis of inflammatory bowel disease" (A genética e a imunopatogénese da doença inflamatória intestinal), Nat. Rev. Immunol, Vol.8, No.6, pp. 458-466, 2008.

28. Chomczynski, P., e Sacchi, N. "Single step method of RNA isolation by acid guanidinium thiocynate-phenol-chloroform extraction", Anal Biochem, Vol.162, pp.156-159, 1987.

29. Chou, P, Y., e Fasman, G, D. "Prediction of protein conformation". Biochemistry, Vol.13, pp.222-245, 1974.

30. Coutu, C., Brandle, J., Brown, D., Brown, K., Miki, B., Simmonds, J., e Hegedus, D,D. "pORE: uma série de vectores binários modulares adequados para a transformação de plantas monocotiledóneas e dicotiledóneas", Transgenics. Res, Vol.16, pp.771- 781, 2007.

31. Crammer, B., e Ikan, R. "Sweet glycosides from the stevia plant", Chem. Britain, Vol.22, pp. 915-916, 1986.

32. Curry. L.L., e Roberts, A. "Subchronic toxicity of rebaudioside A", FoodChem. Toxicol, Vol.46, No.7, pp.S11-S20, 2008.

33. Damirbas, A. "Biodiesel: A Realistic Fuel Alternative for Diesel Engines", Energy Conversion and Management, Vol.49, pp.2106-2116, 2008.

34. Das, S., Das, A, K., Murphy, R, A., Punwani, I, C., Nasution, M, P., e Kinghorn, A, D. "Evaluation of the cariogenic potential of the intense natural sweeteners stevioside and rebaudioside A", Caries Res, Vol.26. pp.363-366, 1992.

35. DeLano, W, L. "The PyMOL Molecular Graphics System", Delano scientific, San Carlos, CA, EUA.

36. Dixon, R, A. "Natural products and disease resistance", Nature, Vol.411, pp.843-847, 2001.

37. Djerassi, C., Quitt, P., Mosettig, E., Cambie, R, C., Rutledge, P, S., e Briggs, L, H. "Optical rotary dispersion studies LVIII, The complete absolute configurations of steviol, kaurene and the diterpene alkaloids of the garry foline and artisine groups", J. Am. Chem. Soc., Vol.83, pp.3720-3722, 1961.

38. Dolder, F., Lichiti, H., Mosettig, E., e Quitt, P. " The structure and stereochemistry of steviol and isosteviol", J. Am. Chem. Soc., Vol.82, pp.246-247, 1960.

39. Dundas, J., Ouyang, Z., Tseng, J., Binkowski, A., Turpaz, Y., e Liang, J. "Castp: Computed atlas of surface topography of proteins with structural and topographical mapping of functionally annotated residues". Nucleic Acids Research, Vol.34, pp.W116-W118, 2006.

40. Eddy, S.R. "Profile hidden Markov models", Bioinformatics Vol.14, pp.755-763, 1998.

41. Eisenreich, W., Rohdich, F., e Bacher, A. "Deoxy xylulose phosphate pathway to terpenoids", Trends. Plant. Sci., Vol.6, pp.678-684, 2001.

42. Fernandez-Fuentes, N., Rai, B.K., Madrid-Aliste, C.J., Fajardo, J.E., e Fiser, A. "Comparative protein structure modeling by combining multiple templates and optimizing sequence-to-structure alignments", Bioinformatics, Vol.23, pp.2558-2565, 2007.

43. Ferreira, E, B., DeAssisRochaNeves, F., DuarteDaCosta, M, A., AlvesDo Prado, W., Dearaujo Funari Ferri, L., Bazotte, R, B. "Comparative effects of Stevia rebaudiana leaves and stevioside on glycaemia and hepatic gluconeogenesis, Plant Medica, vol.72, pp691-696, 2006.

44. Firn, R, D., e Jones, G. "Natural products - a simple model to explain chemical diversity", Nat. Prod. Rep, Vol.20, pp.382-391, 2003.

45. Fitch, C, e Keim, K, S. "Position of the Academy of Nutrition and Dietetics: Use of Nutritive and Nonnutritive Sweeteners", J. Acad. Nutr. Diet., Vol.112, No.5, PP.739-758, 2012.

46. Floudas, C, A., Fung, H, K., McAllister, S, R., Monnigmann, M., e Rajgaria, R. "Advances in protein structure prediction and de novo protein design :A review", Chemical Engineering Science, Vol.61, pp.966 - 988, 2006.

47. Fornes, O., Aragues, R., Espadaler, J., Marti-Renom, M.A., Sali, A., e Oliva, B.

"ModLink+: improving fold recognition by using protein-protein interactions", Bioinformatics , Vol.25, pp.1506-1512, 2009

48. Fukuchi-Mizutani, M., Okuhara, H., Fukui, Y., Nakao, M., Katsumoto, Y., Yonekura-Sakakibara, K., Kusumi, T., Hase, T. e Tanaka, Y. "Biochemical and molecular characterization of a novel UDP- glucose:anthocyanin 3¢-O-glucosyltransferase, a key enzyme for blue anthocyanin biosynthesis, from Gentian", Plant Physiol, Vol.132, pp.1652-1663, 2003.

49. Ganapathi, T, R., Supraanna, P., Rao, P, S., e Bapat, V, A. "Tobacco (Nicotiana tabacum L.) - A model system for tissue culture interventions and genetic engineering", Indian journal of Biotechnology, Vol.3, pp.171- 184, 2004.

50. Gardana, C., Simonetti, P., Canzi, E., Zanchi, R., e Pietta, P. "Metabolism of stevioside and rebaudioside A from Stevia rebaudiana extracts by human microflora", J Agric Food Chem, Vol.51, No.22, pp.6618-6622, 2003.

51. Garnier, J., Osguthorpe D, J., e Robson, B. "Analysis of the accuracy and implications of simple methods for predicting the secondary structure of globular proteins", J Mol Biol, Vol.120, pp.97-120, 1978.

52. Geuns, J, M, C., Augustijns, P., Mols, R., Buyse, J, G., e Drissen, B. "Metabolism of stevioside in pigs and intestinal absorption characteristics of Stevioside, Rebaudioside A and Steviol", Food Chem. Toxicol, Vol.41, pp.1599-1607, 2003.

53. Geuns, J, M, C., Buyse, J, G., Vankeirsblick, A., Temme, E, H, M., Compernolle, F., e Toppet, S. "Metabolism of stevioside by healthy subjects", J. agric. Food. Chem., Vol.54, pp.2794-2798, 2006.

54. Geuns, J, M. "Stevioside", Phytochemistry, Vol.64, No.5, pp.913-921,2003.

55. Goettemoeller, J. e Ching, A. "Seed germination in Stevia rebaudiana", J. Janick, ed., "Perspectives of new crops and new uses". Perspectivas de novas culturas e novas utilizações, pp.510-511, 1999.

56. Gregersen, S., Jeppensen, P, B., Hoist, J, J., Hermansen, K. "Antihyperglycemic effects of stevioside in type 2 diabetic subjects:", Metab.Clin.Exp, vol.53, pp.73-76, 2004.

57. Grotewold, E. "The challenges of moving chemicals within and out of cells: insights into the transport of plant natural products", Planta, Vol. 219, pp.906-909, 2004.

58. Guleria, P., e Yadav, S, K. "Insights into Steviol Glycoside Biosynthesis Pathway

Enzymes through Structural Homology Modeling", American Journal of Biochemistry and Molecular Biology, Vol.3, No.1, pp.1-19, 2013.

59. Hadia, H, A., Badawy, O,M., e Hafez, A, M. " Genetic relationships among some Stevia(Stevia rebaudiana Bertoni) Accessions based on ISSR analysis" Research journal of cell and Molecular biology, Vol.2, No.1, pp.1- 5, 2008.

60. Hagiwara, A., Fukushima, S., e Kitaori M. " Effects of the three sweeteners on rats urinary bladder carcinogenesis initiated by Nbutyl- N-(4- hydroxybutyl) -nitrosamine". Gann. Vol.75, pp.763-768, 1984.

61. Hagiwara, A., Fukushima, S., e Kitaori M. "Effects of the three sweeteners on rats urinary bladder carcinogenesis initiated by Nbutyl- N-(4- hydroxybutyl) -nitrosamine", Gann, Vol.75, pp.763-768, 2007.

62. Hall, T, A. "BioEdit: um editor de alinhamento de sequências biológicas de fácil utilização e um programa de análise para Windows 95/98/NT", Nucleic Acids Symp. Ser, Vol. 41, pp.95-98, 1999.

63. Hansen, K, S., Kristensen, C., Tattersall, D, B., Jones, P, R., Olsen, C, E., Bak, S., e Møller, B, L. "The in vitro substrate regiospecificity of recombinant UGT85B1, the cyanohydrins glucosyltransferase from Sorghum bicolor", Phytochemistry, Vol.64, pp.143-151, 2003.

64. Hanson, J, R., e White, A, F. "Studies in terpenoid biosynthesis- II; the biosynthesis of steviol", Phytochemistry, Vol.7, pp.595-597, 1968.

65. Hedden, P., e Phillips, A, L. "Gibberellin metabolism: new insights revealed by the genes". Trends Plant Sci, Vol.5, pp.523-530, 2000.

66. Helliwell, C, A., Poole, A., Peacock, W, J., e Dennis, E, S. "Arabidopsis ent-kaurene oxidase catalyzes three steps of gibberellin biosynthesis", Plant Physiol, Vol.119, pp. 507-510, 1999.

67. Helliwell, C, A., Sullivan, J, A., Mould, R, M., Gray, J, C., Peacock, W, J., e Dennis, E, S. "A plastid envelope location of Arabidopsis entkaurene oxidase links the plastid and endoplasmic reticulum steps of the gibberellin biosynthesis pathway", Plant J., Vol.28, pp.201-208, 2001.

68. Herz, S., Wungsintaweekul, J., Schuhr, C, A., Hecht, S., Luttgen, H., Sagner, S., Fellermeier, M., Eisenreich, W., Zenk, M, H., e Bacher, A. "Biosíntese de terpenóides: YgbB

protein converts 4-diphosphocytidyl-2C- methyl-D-erythritol 2-phosphate to 2C-methyl-D-erythritol 2,4- cyclodiphosphate", Proc. Natl. Acad. Sci. USA, Vol.97, No.6, pp.2486-2490,2000.

69. Hubler, M, O., Bracht, A., e Kelmer-Bracht, A, M. " Influence of stevioside onhepatic glycogen levels in fasted rats", res. Commun. Chem. Pathol. Pharmacol. Vol.84, pp.111-118, 1994.

70. Humphrey, T, V., Richman, A, S., Menassa, R., e Brandle, J, E. "Spatial organization of four enzymes from Stevia rebaudiana that are involved in steviol glycoside synthesis", Plant Molecular Biology, Vol.61, pp.47-62, 2006.

71. Hutapea, A, M., Toskulkao, C., Buddhasukh, D., Wilairat, P., e Glinsukon, T. "Digestion of stevioside, a natural sweetener, by various digestive enzymes", J Clin Biochem Nutr, Vol.23, No.3, pp. 177-186, 1997.

72. Jayaram, C., Mark, A, H., Nicholas, J, P, R., e Charles, S, Z. "The receptors and cells for mammalian taste", Nature, Vol.444, pp.288-294, 2006.

73. JECFA, "Steviol glycosides". In: 63ª Reunião do Comité Misto FAO/OMS de Peritos em Aditivos Alimentares, Genebra, Suíça. Organização Mundial de Saúde (OMS), Genebra, Suíça, WHO Technical Report Series 928, pp. 34-39, 2005.

74. JECFA, "Steviol glycosides". In: 69th Reunião do Comité Misto FAO/OMS de Peritos em Aditivos Alimentares, Genebra, Suíça. Organização Mundial de Saúde (OMS), Genebra, Suíça, WHO Technical Report Series 928, pp. 34-39, 2008.

75. JECFA, Comité Misto FAO/OMS de Peritos em Aditivos Alimentares. Glicosídeos de esteviol [Adenda ao esteviosídeo]. In: Safety Evaluation of Certain Food Additives (Avaliação da segurança de determinados aditivos alimentares): Sessenta e três reuniões do Comité Misto FAO/OMS de Peritos em Aditivos Alimentares, 8-17 de junho de 2005, Genebra. Organização das Nações Unidas para a Alimentação e a Agricultura (FAO)/Organização Mundial de Saúde (OMS); Genebra, WHO Food Additives Series, Vol.638, No. 54, pp.117-144, 2006.

76. JECFA. "Agente edulcorante: esteviosídeo", em: 51ª Reunião do Comité Misto FAO/OMS de Peritos em Aditivos Alimentares (JECFA). Organização Mundial de Saúde, Genebra, Suíça, WHO Food Additive Series, Vol.42, pp.119-143, 1999.

77. Jeppesen, P, B., Gregersen, S., Alstrup, K, K., e Hermansen, K. "Stevioside induces anti-hyperglycemic insulinotropic and glucagonostatic effects in vivo: studies in the diabetic Goto-Kakizaki (GK) rats", Phytomedicine, Vol.9, pp.9-14, 2004.

78. Joceylynn, E, T., e Michael, J, G. "Stevia: It's Not Just About Calories" (Stevia: Não se trata apenas de calorias),

The Open Obesity Journal, Vol. 2, pp.101-109, 2010.

79. Kelley.K, A and Michael, J, E, S. " Protein structure prediction on the Web: a case study using the Phyre server", Nature Protocols, Vol,4, No.3, pp.363- 371, 2009.

80. Kennely, E, J. "Sweet and non-sweet constituents of Stevia rebaudiana (Bertoni) Bertoni", Stevia, the genus Stevia: Medical and plant industrial profiles, Vol.19, pp.68-85, 2002.

81. Kim, J., Choi, Y, H., e Choi, Y, H. "Use of stevioside and cultivation of Stevia rebaudiana in Korea. Em: Kinghorn, A.D. (Ed.), Stevia, the Genus Stevia", Medicinal and Aromatic Plants-Industrial Profiles, Vol. 19, pp. 196-202, 2002.

82. Kim, K, K., Sawa, Y., e Shibata, H. "Hydroxylation of ent-kaurenoic acid to steviol in Stevia rebaudiana Bertoni - purificação e caraterização parcial da enzima", Arch. Biochem. Biophys, Vol.332, pp.223- 230, 1996.

83. King, R, D., Ouali, M., Strong, A, T., Aly, A., Elmaghraby, A., Kantardzic M., e Page, D. "Is it better to combine predictions?", Protein Eng, Vol.13, pp.15-19, 2000.

84. Kinghorn, A, D., e Soejarato, D, D. "Discovery of terpenoid and phenolic sweeteners from plants", Pure and applied chemistry, Vol.74, pp.1169-1179, 2002.

85. Kinghorn, A, D., e Soejarto, D, D. "Current status of stevioside as a sweetening agent for human use", Economic and Medicinal Plant Research, Vol.1, pp.1-52, 1985.

86. Koh, I, Y., Eyrich, V, A., Marti-Renom, M, A., Przybylski, D., Madhusudhan, M, S., Eswar, N., Grana, O, Pazos, F.,Valencia, A., Sali, A., e Rost, B. "EVA: evaluation of protein structure prediction servers", Nucleic Acids Res Vol.31, No.3311-3315, 2003

87. Kopp, J., e Schwede, T. "Automated protein structure homology modeling: a progress report", Pharmacogenomics Journal, Vol.5, No.4, pp.405-416, 2004.

88. Lange, B, M., Wildung, M, R., McCaskill, D., e Croteau, R. "A family of transketolases that directs isoprenoid biosynthesis via a mevalonate- independent pathway", Proc. Natl. Acad. Sci. USA, Vol.95, pp.2100-2104, 1998.

89. Lange, B.M., e Croteau, R. "Isoprenoid biosynthesis via a mevalonate- independent pathway in plants cloning and heterologous expression of 1- deoxy-D-xylulose-5-phosphate

reductoisomerase from peppermint", Arch. Biochem. Biophys. Vol. 365, pp.170-174, 1999.

90. Laskowski, R, A. "PDBsum coisas novas". Nucleic Acids Research, Vol.37, pp.D355-D359, 2009.

91. Levin, J, M., Pascarella, S., Argos, P., e Garnier, J. "Quantification of secondary structure prediction improvement using multiple alignments". Protein Eng, Vol.6, pp.849-854, 1993.

92. Lichtenhalter, H, K. "The 1-deoxy-D-xylulose-5-phosphate pathway of isoprenoid biosynthesis in plants", Annu. Rev. Plant Physiol. Plant. Mol. Biol, Vol. 50, pp.47-65, 1999.

93. Lim, E, K., Higgins, G, S., Li, Y., e Bowles, D, J. "Regioselectivity of glucosylation of caffeic acid by a UDP-glucose: glucosyltransferase is maintained in planta", Biochem J, Vol.373, pp.987-992, 2003.

94. Livak.K.J e Thomas D. S. "Analysis of Relative Gene Expression Data Using Real-Time Quantitative PCR and the 2^{-LLCT} Method". METHODS, Vol. 25, pp.402-408, 2001.

95. Luttgen, H., Rohdich, F., Herz, S., Wungsintaweekul, J., Hecht, S., Schuhr, C, A., Fellermeier, M., Sagner, S., Zenk, M, H., Bacher, A., e Eisenreich,
W. "Biosíntese de terpenóides: A proteína YchB de Escherichia coli fosforila o grupo 2-hidroxi do 4-difosfocitidil-2C-metil-D-eritritol", Proc. Natl. Acad. Sci. U S A, Vol.97, No.3, pp.1062-1067, 2000.

96. Mackenzie, P, I., Owens, I, S., Burchell, B. " The UDP glycosyltransferase gene superfamily: recommended nomenclature update based on evolutionary divergence", Pharmacogenetics, Vol.7, pp. 255-269, 1997.

97. Madan, S., Ahmad, S., Singh, G, N., Kohli, K., Kumar, Y., Singh, R., e Garg, M. "Stevia rebaudiana (Bert.) Bertoni - A review", Indian Journal of Natural products and resources, Vol.1, No.3, pp.267-286, 2010.

98. Madina, B, R ., Lokendra, K, S., Pankaj, C., Rajender, S, S, B., e Rakesh, T. "Purification and characterization of a novel glucosyltransferase specific to 27B-hydroxy steroidal lactones from Withania somnifera and its role in stress responses", Biochimica et Biophysica Ata, Vol.1774 , pp.1199- 1207, 2007.

99. Maki, K, C., Curry, L, L., Reeves, M, S., Toth, P, D., McKenney, J, M., e Farmer, M, V." Chronic consumption of rebaudioside A, a steviol glycoside, in men and women with type 2 diabetes mellitus", Food Chem Toxicol, Vol.46, No.7, pp.S47-53, 2008.

100. Martinoia, E., Massonneau, A., e Frangne, N. "Transport processes of solutes across the

vacuolar membrane of higher plants", Plant Cell Physiol, Vol.41, pp.1175-1186, 2000.

101. Matsui, M., Matsui, K., Kawasaki, Y., Oda, Y., Noguchi, T., Kitagawa, Y., Sawada, M., Hayashi, M., Mohmi, T., Yoshihira, K., Ishidate, M., e Sofuni, T. " Evaluation of genotoxicity of stevioside and steviol using six in vitro and one in vivo mutagenicity assays, Mutagenesis, vol.11, No.6, pp.573-579, 1996.

102. McGarvey, D, J., e Croteau, R. "Terpenoid metabolism", Plant Cell, Vol.7, pp.1015-1026, 1995.

103. Megeji, N, W., Kumar, J., Sing, V, N., Kaul, V, K., e Ahuja, P, S. "Introducing Stevia rebaudiana, a natural zer-calorie sweetener", Current science, Vol.88, No.5, pp.801-803, 2005.

104. Mehtani, S., Kak, R, D., e Singla, P. "Plant sweeteners for diabetics", In:

progressos recentes em plantas medicinais, Vol.8, pp.219-233, 2003.

105. Melis, M, S. "Effects of chronic administration of Stevia rebaudiana on fertility in rats", Journal of Ethnopharmacology, Vol.67, pp.157-161, 1999.

106. Melis, M, S. "Stevioside effect on renal function of normal and hypertensive rats", Journal of Ethanopharmacology, Vol.36, pp.213-217, 1992.

107. Melis, M, S., and Sainati, A, R. "Participação das prostaglandinas no efeito do esteviosídeo sobre a função renal e pressão arterial de ratos'" Brazilian Journal of Medical and Biological Research, Vol.24, pp.1269-1276, 1991.

108. Mitra, A., e Zhang, Z. "Expression of a human lactoferrin cDNA in tobacco cells produces antibacterial protein(s)". Plant Physiology, Vol.106, pp. 977-981, 1994.

109. Mizutani, K., e Tanaka, O. "Use of Stevia rebaudiana sweeteners in Japan", Medicinal and Aromatic Plants-Industrial Profiles, Vol. 19, pp.178-195, 2002.

110. Mori, N., Sakanoue, M., Takeuchi, M., Shimpo, K., e Tanabe, T. "Effect of stevioside on fertility in rats", Journal of the Food Hygienic Society of Japan, Vol.22, pp.409-414, 1981.

111. Mosettig, E., e Nes, W, R. "Stevioside.II, a estrutura da aglucona",

J.Org. Chem., Vol.20, pp.884-899, 1955.

112. Mosettig, E., Beglinger, U., Dolder, F., Lichti, H., Quitt, P., e Waters, J, a. "The absolute configuration of steviol and isosteviol", J. Am. Chem. Soc., Vol.85, pp.2305-2309,

1963.

113. Murashige, T., e Skoog, F. "A revised medium for rapid growth and bio- assays with tobacco tissue cultures", Physiol Plant, Vol.15, pp.473-497, 1962.

114. Nakayama, K., Kasahara, D., e Yamamoto, F. "Absorption, Distribution, Metabolism and Excretion of stevioside in rats", J. Food Hygienic Society of japan, Vol.27, pp.1-6, 1986.

115. Nielsen, H., Engelbrecht, J., Brunak, S. e von Heijne, G. "Identification of prokaryotic and eukaryotic signal peptides and prediction of their cleavage sites". Protein Eng, Vol.10, pp.1-6, 1997.

116. Niessner, A., Goronzy, J, J., e Weyand, C, M. "Immune-mediated mechanisms in atherosclerosis: prevention and treatment of clinical manifestations", Curr. Pharm. Des, vol.13, No.36, pp. 3701-3710, 2007.

117. Notredame, C., Higgins, D.G., e Heringa, J. " T-Coffee: A novel method for fast and accurate multiple sequence alignment", J Mol Biol, Vol.302, pp.205-217, 2000.

118. Nunes, A, P, M., Ferreira-Machado, S, C., Nunes, R. M., Dantas, F, J, S., De Mattos, J, C, P., e Caldeira-de-Araújo, A. "Analysis of genotoxic potentiality of stevioside by comet assay", Food Chem. Toxicol, Vol.45, pp.662-666, 2007.

119. Oddone, B. "How to grow Stevia", Guarani Botanicals, Inc.Pawcatuck, Connecticut, pp.1-30, 1999.

120. Ogawa, T., Nozaki, M., e Masanao, M. "Total synthesis of stevioside",

Tetrahedron. Vol.36, pp. 2641-2648, 1980.

121. Paquette, S., Moller, B, L., e Bak, S. "On the origin of family 1 plant glycosyltransferases", Phytochemistry, Vol.62, pp.399-413, 2003.

122. Paquette, S.M., Jensen, K., e Bak, S. "A web-based resource for the Arabidopsis P450, cytochromes b5, NADPH-cytochrome P450 reductases, and family 1 glycosyltransferases", Phytochemistry, Vol.70, pp.1940-1947, 2009.

123. Paquette.S., Moller.B.L, e Bak.S. "On the orgin of family 1 plant glycosyltransferases". Phytochemistry, Vol.62, pp.399-413, 2003.

124. Pettersen, E.F., Goddard, T.D., Huang, C.C., Couch, G.S., Greenblatt, D.M., Meng, E.C., Ferrin, T.E. "UCSF Chimera - a visualization system for exploratory research and analysis", J. Comput. Chem. Vol.25, pp.1605- 1612, 2004.

125. Pezzuto, J, M., Compadre, C, M., Swanson, S, M., Nanayakkara, N, P, D., e Kinghorn,

A, D. "Metabolically activated steviol, the aglycone of stevioside is mutagenic", Proc. Nat. Acad. Sci. USA, Vol.82, pp.2478-2482, 1985.

126. Priya, K., Gupta, V, R M., e Srikanth, K. "Natural sweeteners, a Complete review", Journal of pharmacy research, Vol.4, No.7, pp.2034-2039, 2011

127. Rejab, R., Mohankumar, C., Murugan, K., Harish, M., e Mohanan, P, V. "Purification and toxicity studies of stevioside from Stevia rebaudiana Bertoni", Toxicology International, Vol.16, No.1, pp.49-54, 2009.

128. Renwick, A, G. "The intake of intense sweeteners - an update review", Food Addit Contam. Vol.23, No.4, pp.327-38, 2006.

129. Renwick, A, G. "The use of a sweetener substitution method to predict dietary exposures for the intense sweetener rebaudioside A", Food and Chemical. Toxicology, Vol.46, No.7, pp.s61-69, 2008.

130. Renwick, A, G., e Tarka, S, M. "Microbial hydrolysis of steviol glycosides", Food and Chemical. Toxicology, Vol.46, No.7, pp.70-74, 2008.

131. Richard, D. "Stevia rebaudiana: O doce segredo da natureza". (3ª ed.). Bloomingdale: Vital Health Publishing, 1999.

132. Richman, A, S., Gijzen, M., Starratt, A, N., Yang, Z., e Brandle, J, E. "Diterpene synthesis in Stevia rebaudiana: Recruitment and up-regulation of key enzymes from the gibberellin biosynthetic pathway", Plant Journal, Vol.19, pp.411-421, 1999.

133. Richmann, A., Swanson, A., Humphrey, T., Chapman, R., McGarvey, B., Pocs, R., e Brandle, J. "Functional genomics uncovers three glycosyltransferases involved in the synthesis of the major sweet glycosides of Stevia rebaudiana", Plant. J, Vol.41, pp.56-67, 2005.

134. Ritesh, K., Rajender, S, S., Mishra, S., Farzana, S., e Neelam S, S. "In silico motif diversity analysis of the glycon preferentiality of plant secondary metabolic glycosyltransferases", POJ, Vol.5, No.3, pp.200-210, 2012.

135. Roberts, A., e Renwick, A, G. "Comparative toxicokinetics and metabolism of Rebaudioside A, stevioside and steviol in rats", Food and Chemical. Toxicology, Vol.46, No.7, pp.s31-39, 2008.

136. Rodrnguez, C, M., e Boronat, A. "Elucidation of the methylerythritol phosphate pathway for isoprenoid biosynthesis in bacteria and plastids. A metabolic milestone achieved through genomics", Plant Physiol, Vol.130, pp.1079-1089, 2004.

137. Rohdich, F., Wungsintaweekul, J., Eisenreich, W., Richter, G., Schuhr, C.A., Hecht, S.,

Zenk, M, H., e Bacher, A. "Biosynthesis of terpenoids: 4- difosfocitidil-2C-metil-D-eritritol sintase de Arabidopsis thaliana", Proc. Natl. Acad. Sci. USA, Vol.97, pp.6451-6456, 2000a.

138. Rohdich, F., Wungsintaweekul, J., Luttgen, H., Fischer, M., Eisenreich, W., Schuhr, C.A., Fellermeier, M., Schramek, N., Zenk, M.H., e Bacher, A. "Biosynthesis of terpenoids: 4-difosfocitidil-2- C-metil-D-eritritol quinase do tomate", Proc. Natl. Acad. Sci. USA, Vol.97, pp.8251-8256, 2000b.

139. Ross, J., Li, Y., Lim, E. e Bowles D J. "Higher plant glycosyltransferases", Genome Biol, Vol.2, pp.3004.1-3004.6, 2001.

140. Rost, B. "Twilight zone of protein sequence alignments". Protein Eng Vol.12, pp.85-94, 1999.

141. Ruddat, M., Heftmann, E., e Lang, A. "Biosynthesis of steviol", ArchBiochem Biophys, vol.110, pp.496-499, 1965.

142. Sali, A. " Modeling mutations and homologous proteins", Curr Opin Biotechnol Vol.6, pp.437-451, 1995.

143. Sarah, A, O., Soren, B., e Birger, L, M. "Substrate specificity of plant UDP-dependent glycosyltransferases predicted from the crystal structures and homology modeling", Phytochemistry, Vol.70, pp.325-347, 2009.

144. Sartor, R, B. "Microbial influences in inflammatory bowel diseases", Gastroenterology, Vol.134, No.2, pp. 577-594, 2008.

145. Sehar, I., Kaul, A., Bani, S., Pal, H, C., e Saxena, A, K. "Immune up regulatory response of a non-caloric natural sweetener, stevioside", Chem Biol Interact, Vol.173, No.2, pp.115-121, 2008.

146. Shaffert, E, E., e Chetobar, A, A. "Development of the female gametophyte in Stevia rebaudiana (Eng translation)", Boletinul Academiei de Schtintse A Republica Moldava, Vol.6, pp.10-16, 1994.

147. Sharma, M., Thakral, N, K., e Thakral, S. "Chemistry and in vivo profile of ent-kaurene glycosides of Stevia rebaudiana Bertoni-an overview", Natural Product Radiance, Vol.8, No.2, pp.181-189, 2009.

148. Shibata, H., Sawa, Y., Oka, T., Sonoke, S., Kim, K.K., e Yoshioka, M. "Steviol and steviol glycosideglucosyltransferase activities in Stevia rebaudiana Bertoni-purification and partial characterization", Arch. Biochem. Biophys. Vol.321, pp.390-396, 1995.

149. Shibata, H., Sonoke, S., Ochiai, H., Nishihashi, H., e Yamada, M. "Glucosylation of

steviol and steviol-glucosides in extracts from Stevia rebaudiana Bertoni", Plant Physiol, Vol.95, pp.152-156, 1991.

150. Simionatto, S., Marchioro, S.B., Galli, V., Hartwig, D.D., Carlessi, R.M., Munari, F.M.,Laurino, J.P., Conceicao, F.R., and Dellagortin, O.A. "Cloning and purification of recombinant proteins of Mycoplasma hyopneumoniae expressed in Escherichia coli". Protein Expression Purif. Vol.69, pp.132-136, 2010.

151. Soejarto, D, D., Kinghorn, A, D., e Farnsworth, N, R. "Potential sweetening agents of plant orgin 3, organoleptic evaluation of Stevia leaf herbarium samples for sweetness", Journal of Natural Products, Vol.45, pp.590-599, 1982.

152. Starratt, A, N., Kirby, C, W., Pocs, R., e Brandle, J, E.. "Rebaudioside F, a diterpene glycoside from Stevia rebaudiana", Phytochemistry, vol.59, pp.367-370, 2002.

153. Stephan, H., Drossard, J., Twyman, R, M., e Fischer, R. "Plant cell cultures for the production of recombinant proteins". Nat.Biotechnol, Vol.22, No.11, pp.1415-22, 2004.

154. Tchorbadjieva. M. I., e Ivelin. Y. P. "DNA methylation and somatic embryogenesis of orchardgrass (Dactylis Glomerata L)". Bulg.J.Plant.Physiol, Vol. 30, No.1-2, pp.3-13, 2004.

155. Torsten , S., Jurgen, K., Nicolas Guex3 e Manuel C. Peitsch, "SWISS- MODEL: an automated protein homology-modeling server", Nucleic Acids Research, Vol.31, No.13,3381-3385, 2003.

156. Toskulkao, C., Chaturat, L., Temcharoen, P., e Glinsukon. "Acute toxicity of stevioside, a natural sweetener and its metabolite steviol in several animal species", Drug and chemical toxicology, Vol.20, pp.31-44, 1997.

157. Totte, N., Charon, L., Rohmer, M., Compernolle, F., Baboeuf, I., e Geuns, J, M, C. "Biosynthesis of the diterpenoid steviol, an ent-kaurene derivative from Stevia rebaudiana Bertoni, via the methylerythritol phosphate pathway", Tetrahedron Letters, Vol.41, pp.6407-6410, 2000.

158. Totte, N., Van den Ende, W., Van Damme, E, J, M., Compernolle, F., Baboeuf, I., e Geuns, J.M.C. "Clonagem e expressão heteróloga de genes precoces na biossíntese de giberelina e esteviol através da via do metileritritol fosfato em Stevia rebaudiana", Can. J. Bot., Vol.81, pp.517-522, 2003.

159. Toyoda, K., Matsui, H., Shoda, T., Uneyama, C., Takada, K., e Takahashi, M. "Assessment of the carcinogenicity of stevioside in F344 rats", Food and

Chemical Toxicology, Vol.35, pp.597-603, 1997.

160. Usami, M., Sakemi, K., Kawashima, K., Tsuda, M., e Ohno, Y. " Teratogenicity study of stevioside in rats, Eisei Shikenjo Hokoku", Bull. Nat. Inst. Hygenic. Sci, Vol.113, pp.31-35, 1995.

161. Van Calsteren, M, R., Bussière, Y., e Bissonnette, M, C. "Spectroscopic characterization of two sweet glycosides from Stevia rebaudiana". Spectroscopy, Vol.1, pp.143-156, 1993.

162. Virendra, V., e Kalpagam, P. "Assessment of Stevia (Stevia rebaudiana) - natural sweetener: A review", Journal of Food Science and Technology, Vol.45, pp.467-473, 2010.

163. Wang, J e HOU, B. "Glycosyltransferases: Key players involved in the modification of plant secondary metabolites", Front.Biol.China, Vol.4, No.1, pp.39-45,2009

164. Wang.X. "Structure, Mechanism and engineering of plant natural product glycosyltransferases", FEBS Letters, Vol.583, pp.3303-3309, 2009.

165. Wheeler, A., Boilav, A, C., Winkler, P, C., Crompton, J, C., Prakash, I., Jiang, X., e Mandarino, D, A. " Pharmacokinetics of Rebaudioside A and stevioside after single oral doses in healthy man", Food and Chemical toxicology, Vol.46, No.7, pp.s54-60, 2008.

166. Wingard, R, E., Jr. Brown, J, P., Enderlin, F, E., Dale, J, A., Hale, R, L., e Seitz, C, T. "Intestinal degradation and absorption of the glycosidic sweeteners stevioside and rebaudioside A", Experientia, Vol.36, No.5, pp.519-520, 1980.

167. Yadav, A, K., Singh, S., Dhyani, D., e Ahuja, P, S. "A review on the improvement of Stevia [Stevia rebaudiana (Bertoni)]", Can. J. Plant Sci. Vol.91, pp.1-27, 2011.

168. Yamaski, K., Kohda, H., Kobayashi, T., Kesai, R., e Tanaka, O. "Structures of Stevia diterpene-glycosides, Application of[13] C NMR", Tetrahedron. Lett., Vol.17, pp.1005-1008, 1976.

169. Yao, Y., Ban, M., Brandle, J. "A genetic linkage map for Stevia rebaudiana", Genome, Vol.42, pp.657-661,1999.

170. Yathi, K, K., Julia M. J., Salini, B., Ramesh, K, Mohankumar, C. "Recombinant CHIK virus E1 coat protein of 11KDa with antigenic domains for the detection of Chikungunya", Journal of Immunological Methods, Vol. 372, No.1-2, pp.171-176, 2011.

171. Yodyingyuad, V., e Bunyawong, S. "Effect of stevioside on growth and reproduction", Human Reproduction (Oxford), Vol.6, pp.158-165, 1991.

172. Yonekura-Sakakibara K, e Hanada, K. "An evolutionary view of functional diversity in family 1 glycosyltransferases". Plant J, Vol.66, No.1, pp.182-93, 2011.

173. Zhang, Y. "Protein structure prediction: when is it useful?", Curr.Opin. Struct. Biol., Vol.19, pp.145-155, 2009.

174. Zhang, S., Liu, Q., Lyu, C. et al. Caracterização de glicosiltransferases por uma combinação de plataformas de sequenciação aplicadas aos tecidos foliares de Stevia rebaudiana. BMC Genomics 21, 794(2020). https://doi.org/10.1186/s12864-020-07195-5

175. Zwanzig, R., Szabo, A., e Bagchi, B. " Levinthal's paradox", Proceedings of the National Academy of Sciences of the United States of America, Vol.89, pp.20-22, 1992.

yes
I want morebooks!

Buy your books fast and straightforward online - at one of world's fastest growing online book stores! Environmentally sound due to Print-on-Demand technologies.

Buy your books online at
www.morebooks.shop

Compre os seus livros mais rápido e diretamente na internet, em uma das livrarias on-line com o maior crescimento no mundo! Produção que protege o meio ambiente através das tecnologias de impressão sob demanda.

Compre os seus livros on-line em
www.morebooks.shop

info@omniscriptum.com
www.omniscriptum.com

Printed by Books on Demand GmbH, Norderstedt / Germany